打开心世界·遇见新自己
HZBOOKS PSYCHOLOGY

焦虑是因为我想太多吗

元认知疗法自助手册

Grib Livet, Slip Angsten
Overvind ængstelighed og bekymringer med
metakognitiv terapi

Pia Callesen
[丹] 皮亚·卡列森 著
王倩倩 译

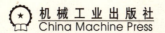
机械工业出版社
China Machine Press

图书在版编目（CIP）数据

焦虑是因为我想太多吗：元认知疗法自助手册 /（丹）皮亚·卡列森（Pia Callesen）著；王倩倩译 . -- 北京：机械工业出版社，2022.6
书名原文：Grib Livet, Slip Angsten
ISBN 978-7-111-70847-6

Ⅰ. ①焦⋯ Ⅱ. ①皮⋯ ②王⋯ Ⅲ. ①焦虑 - 心理调节 - 手册 Ⅳ. ① B842.6-62

中国版本图书馆 CIP 数据核字（2022）第 089421 号

北京市版权局著作权合同登记　图字：01-2022-1174 号。

Pia Callesen. Grib Livet, Slip Angsten: Overvind ængstelighed og bekymringer med metakognitiv terapi.

Copyright © 2019 by Pia Callesen and JP/Politikens Hus A/S.

Simplified Chinese Translation Copyright © 2022 by China Machine Press. Published by agreement with Politiken Literary Agency through The Grayhawk Agency Ltd. This edition is authorized for sale in the Chinese mainland (excluding Hong Kong SAR, Macao SAR and Taiwan).

No part of this book may be reproduced or transmitted in any form or by any means, electronic or mechanical, including photocopying, recording or any information storage and retrieval system, without permission, in writing, from the publisher.

All rights reserved.

本书中文简体字版由 Politiken Literary Agency 通过光磊国际版权经纪有限公司授权机械工业出版社在中国大陆地区（不包括香港、澳门特别行政区及台湾地区）独家出版发行。未经出版者书面许可，不得以任何方式抄袭、复制或节录本书中的任何部分。

焦虑是因为我想太多吗：元认知疗法自助手册

出版发行：机械工业出版社（北京市西城区百万庄大街 22 号　邮政编码：100037）
责任编辑：李双燕
责任校对：殷　虹
印　　刷：北京铭成印刷有限公司
版　　次：2022 年 7 月第 1 版第 1 次印刷
开　　本：147mm×210mm　1/32
印　　张：6.875
书　　号：ISBN 978-7-111-70847-6
定　　价：59.00 元

客服电话：(010) 88361066　88379833　68326294　　投稿热线：(010) 88379007
华章网站：www.hzbook.com　　　　　　　　　　　　读者信箱：hzjg@hzbook.com

版权所有·侵权必究
封底无防伪标均为盗版

此书无法代替由元认知治疗研究所认证诊所或者治疗师所提供的元认知治疗。如果你不确定自己是否患有焦虑症,请务必就医。

推荐序

我非常高兴向读者介绍这本关于元认知治疗（metacognitive therapy，MCT）的新书。这是皮亚·卡列森的第二本书，是有关焦虑这一话题的。其中讲述了焦虑是如何阻碍我们过上美好生活的，以及我们可以通过学会新的策略来克服焦虑并且提高我们的生活质量。

卡列森阐述了焦虑症治疗的新方式——元认知治疗的基本原则。其目标在于修正人们一直以来应对焦虑的策略，并使人们学会彻底摆脱焦虑的新方法。元认知治疗的重点在于赢回应对引发焦虑和不适的触发性想法的控制权，因为触发性想法是否会变成引发担忧和焦虑的负面想法，是由我们所选择的应对方式决定的。

这本书首先为读者引入了元认知治疗的核心理念，以简单形象的方式解释了一些相对复杂的概念。卡列森提到了许多日常生活中常见的例子，并且根据自己多年的治疗经验为读者直观地讲述了这些可以向实践转化的案例。因此这是一本易懂的书，以大量的图解和例子为那些没有基础知识的读者提供了解元认知治疗的可能性。

正如研究显示，元认知治疗是当下治疗焦虑症和抑郁症最有效的方法。多年来我自己也在从事这一领域的研究，可以证实这一疗法目前已经取得了巨大成功。元认知治疗是精神疾病治疗领域取得的一项重大进步，让众多患者萌发了对于病情好转的希望。

皮亚·卡列森的这本书展示了理解焦虑症的有益新视角，为患者走出焦虑提供了多样的可能性。这本书富有启发性，让人们对高效且效果持久的慢性焦虑症治疗抱有更大希望。如今，慢性焦虑症使很多人饱受折磨，但这本书传递出了乐观的信号：只要不再回应负面想法和担忧，而是将注意力转移到周围世界，就可以摆脱焦虑。我们应该用自己所拥有的一切去体验生活。祝你阅读愉快！

汉斯·M. 诺达尔（Hans M. Nordahl）教授
元认知治疗研究所

前言

在丹麦,约有 40 万人患有焦虑症或者至少出现焦虑症状,在德国,这一人群约占全国人口的 15%。重度焦虑症患者会产生很多严重的症状,如持续不安、恐惧、陷入思想旋涡、心跳过速、失眠和身体不适。焦虑席卷了患者的一切,他们每天唯一的目标就是摆脱焦虑。焦虑程度标尺的一端是偶尔冲击内心、随后消退的"焦虑风暴",另一端是因为大脑充满必须处理的想法而长期存在的睡眠或注意力问题。在这两极之间是一系列长年存在或者在特定情况、特定生命阶段中才会出现的症状。我也经历过这些。在整个学生时代,我都有严重的考试焦虑。在课堂测试或者考试前几天,我就开始紧张起来,甚至无法入睡、吃饭和放松。"要是我大脑短路了怎么办?要是我在老师或者考官面前一个字也说不出来怎么办?要是我不及格怎么办?"在那些日子里,我无法做任何其他的事。我因为焦虑去找医生，他给我开了镇静药。

为了帮助饱受恐惧、紧张、不安等精神问题折磨的人，我决定学习心理学专业。最初，我像其他所有心理学家和治疗师一样采用认知疗法，在治疗中与患者交流他们目前的处境和导致焦虑紧张的原因。我们讨论职场和生活中的压力、过去的创伤经历、恐惧、担忧和失望。我要求患者把目光投向内心，直面自己的痛苦，正视自己的焦虑并向它发起挑战，做那些最令自己恐惧的事。我鼓励他们去深入探究自己的负面想法和感受，参照现实情况校正自己的想法，削弱那些灾难性想法。我试图让他们摆脱完美主义的生活蓝图，不必追求事事完美。当我们一起构建起更加现实的"80%完美"的愿景时，我为他们感到高兴。我在所有抑制他们不安和焦虑的干预行动上都提供了支持。许多患者都得到了恢复——起码在一段时间内。然而，他们经常会再次回到初始状态，落入焦虑的魔爪之中。

目前已有权威研究结果表明，我们曾向患者提供的治疗方法并不十分恰当。研究驳斥了"焦虑是由环境压力（无论是来源于职场还是私人生活）、不现实的期待或者使敏感心灵受到冲击的不断累积的未处理创伤导致的必然结果"这一观点。灰暗的、负面的想法和感受同愉悦的、正面的一样，都是生活的一部分。它们不会累积在我们的精神里，也不是必然会导致焦虑症，但是我们应对这些想法和感受的方式有可能会导致焦虑症产生。

这些结论基于英国曼彻斯特大学心理学教授阿德里安·威尔斯（Adrian Wells）数十年的研究。这些研究记录了一个事实：如果我们为精神腾出一些空间，它就可以自我调节。这意味着，我们不必为了让自己感觉更加舒服而去分析和处理自己的想法和感受。我们也不应该试图回避它们，或者试图把令人不适的想法变成更现实的美好想法。我们可以学会让我们的想法（包括令人不适的负面想法）不受干扰地来往。为此，我们只需要学会减少思考。研究结果显示，自我分析和重构想法如同浇入焦虑之火的汽油。

此外，与数十年来盛行的观点相反，担忧并不是一个无法控制的性格特点。没有人天生就是"充满忧虑的"或者"敏感的"。我们恐惧或者担忧只是因为我们习惯了这样做，这只是习惯而已。

在我第一次听说威尔斯教授和他的研究时，我还是一名认知治疗师。像上文提到的那样，我也曾坚信，恐惧和担忧的根源在于不现实的基本假设和灾难化设想，它们都来自过去的经历。接触了威尔斯的研究结果和基于其研究的元认知疗法后，我感到十分震惊和激动。

在许多小型和大型研究中，元认知疗法展示出了可观的、可信的结果，为成千上万的人指明了走出焦虑的道路。在荷兰的一项以广泛性焦虑症患者为研究对象的研究中，91%的患者摆脱了焦虑。2018年的一项对认知疗法和元认知疗法的大型比较研究显示，只有38%的人在接受认知治疗两年后没有复发，而元认知治疗组的这一比例为65%。

关于强迫症和创伤后应激障碍的治疗也有类似的研究结果。在2018年12月公布的一项最新研究中，利物浦大学和曼彻斯特大学的心理学家用认知疗法和元认知疗法治疗220名强迫症患者。研究显示，接受认知治疗的患者中有64%的人摆脱了症状，而元认知治疗组的这一比例高达86%。

在我第一次接触威尔斯教授的元认知疗法和研究后，我就立刻参加了相关培训。现在，在进行过上百次团体治疗或个体治疗后，我可以毫不夸张地说，元认知疗法是焦虑症治疗领域的一次革命。

我在治疗过程中积累的经验表明，一个人可以在接受6～12次治疗后改变任由想法、感受和身体感觉占据上风并持续对它们进行分析的习惯。患者在治疗中学会了被动地观察自己的想法和感受，允许它们经过或者停留，但不去处理它们，也不探究它们为什么会出现，由此，焦虑症状会完全消失或者至少在一定程度上减少。我写这本书是为了表达我对这种治疗方法的赞叹。我一次次感受到患者在我的诊所接受元认知治疗后痊愈回家时的喜悦。我也收到了曾经的患者的邮件或者电话，他们向我描述，在最大限度减少自我分析、学会允许想法和感受自行来往后，他们的生活又变得丰富多彩了。

在这本书的7章里，我会纠正大家关于焦虑症的常见错误观念，表明不必为了改善自己的状态而去处理想法和感受的观点。

我会阐释对焦虑的全新理解，一步步地、一个练习接着一个练习地引导读者认识这种基于阿德里安·威尔斯研究的新疗法。

这一疗法有 2 个基本手段：

1. 识别不当策略；
2. 学会"分离注意"（detached mindfulness）的技巧。

每个人的个人模式都是在 4 种不当习惯（本书称之为策略）的影响下产生的，它们同时也是普遍的人类习惯。这些策略的目标是控制想法和感受的混乱并找到答案和解决办法。这 4 种策略是：

1. 过度担忧；
2. 反刍并分析自己的想法和感受；
3. 持续监控内在和外在危险，比如身体异样和人际交往中的问题；
4. 克制想法，压制不安，控制感受和症状，并且过度做计划。

威尔斯将这 4 种策略称作认知注意综合征（cognitive attentional syndrome，CAS）。这 4 种策略的问题在于，从长期来看，它们并不会让我们获得控制感、平静或者安全感，而是恰恰相反。这 4 种策略加剧了焦虑和紧张。元认知治疗的第二种手段就在这里发挥作用：分离注意，一种可以通过练习学会的技巧。它的目的是使人与想法和感受保持一种更加被动的关系，能够有意识地达到注意力分离或者说超然觉察的状态。

这里我想强调，虽然这4种策略是我们自己"选择"的——我们自己习得并运用它们，但是这并不意味着我们只需要简单地"振作起来"就可以摆脱它们。没有人想患上焦虑症，也没有人故意选择这些问题策略。这不是我们自己的错，但是我们可以靠自己摆脱痛苦。

在每一章的结尾，都有患者向我们讲述他的故事和元认知治疗经历。玛丽亚、彼得、克里斯蒂安、梅特和林妮都曾患上长期或短期焦虑症，他们最终成功地改掉了长时间反刍的习惯。

这本书虽然无法治疗焦虑症或者代替专业治疗师所进行的元认知治疗，但是我非常希望这本书可以鼓舞那些正在经历焦虑的人，帮助他们重获高质量的生活。

祝你阅读愉快！

皮亚·卡列森

目录

推荐序

前言

第 1 章　你被焦虑所困扰吗
摆脱你的旧习惯　/1

不要解剖心灵　/7
神经系统可以自我调节　/9
长时间的反刍只能制造焦虑　/14
焦虑症应对模式的转变　/20
我们是有自我修复能力的　/23
最好的疗法是减少思考　/28

正常的感受何时会演变为焦虑 /31
我们继承了前人的策略吗 /34

第 2 章　不当策略会引发焦虑
不当策略是由触发性想法引起的 /37

触发性想法并不危险，但会让人焦虑 /41
4 种不当策略 /45
不当应对策略会降低你的生活质量 /59
认识你的触发性想法 /62
现实的触发性想法也会引起认知注意综合征，
　　然后引发焦虑 /64
玛丽亚的案例："我曾经强烈地需要回应我的
　　想法，以便控制它们。" /68

第 3 章　分离注意
学会放开想法和感受 /73

分离注意不是分散注意力 /80
如果担忧让我们焦虑，为什么不干脆停止担忧 /82
质疑你的信念 /90
彼得的案例："我的想法就像水蛭一样，吸干并
　　夺走我的全部精力。" /92

第 4 章　打破担忧循环
赢回控制权　/97

你能控制担忧，分离注意吗　/100
一步步赢回控制权　/103
严重的、真实的担忧更难控制吗　/107
每日反刍时间　/110
想法已经出现时，还能分离注意吗　/112
控制你的监控欲望　/115
你完全可以控制你的担忧　/116
克里斯蒂安的案例："我曾经一直不停地处理我的想法。"　/117

第 5 章　不要害怕焦虑
想法、感受和担忧不会杀死你　/123

一步步质疑想法的危险性　/127
对积极想法的焦虑　/145
梅特的案例："我告别了多年来的坏习惯。"　/147

第 6 章　与想法对抗是浪费时间
预先思考没有任何作用　/153

"小规格"的担忧　/155

认知注意综合征策略会带给你什么 /156
权衡优点和缺点 /165
林妮的案例:"当触发性想法出现时,我就转移
　　注意力。" /169

第 7 章　放开你的焦虑
你会自我修复的 /173

一步步走进生活 /175
我们可以在压抑想法的同时享受生活吗 /176
倾听生活的声音而不是焦虑的声音 /178
不再焦虑的未来 /179

附录 A　焦虑症 /183

附录 B　词汇表 /201

第 1 章

你被焦虑所困扰吗
摆脱你的旧习惯

几年前，一位年轻的女士来到我的诊所，向我描述了她的痛苦："这种感受就像是整天在流沙上奔跑。我总是害怕自己在某个瞬间陷进去。"多年来，她一直苦于紧张、恐惧以及无法名状的身体不适。她无法忍受继续这样生活下去，于是来到了我的诊所。她总是纠结于同样的问题："我为什么会这样？过去发生了什么使我变成这样？我总是被惊恐席卷，害怕生病、考试不及格、被抛弃或者死亡，这一切与我的性格有关吗？"除此之外，她还为自己思考如此多的问题而担心："我一定很快会因此油尽灯枯。也许会心肌梗死发作？"焦虑症对她造成了严重的影响：她不能专注于大学学业，无法找到一份工作，也无法投身于任何业余爱好，还逃避与朋友和家人来往。她的身心长期处于戒备状态。她以为，只有当她摆脱焦虑的时候，才能找回正常的生活。因此，她每天把大部分时间都花在对抗焦虑上。她咨询心理学家、心理治疗师和医生，得到的诊断是"广泛性焦虑症"。她学习了特定的呼吸技巧，做瑜伽，长时间地散步，冥想，并阶段性地服用镇静药和安眠药，所有努力都只为了实现一个目标，那就是摆脱焦虑并且控制令人苦恼的症状。

差不多在同一时期，我还有另一位病人，她同样苦于忧虑、紧张和神经过敏，受到焦虑和身体不适的影响。但是这些症状没有阻碍她去工作或者融入与朋友和家人在一起的日常生活。

我首先对这两位女士进行了认知治疗，确定了她们面对引发焦虑的情形或想法时所处的焦虑等级，并把她们的消极想法转变为切合实际的想法。她们都受益于这一治疗，但只限在短时间内。随着时间的推移，她们又会纠结于新的灾难性想法。

这两位女士的故事表明，从长期来看，不论是严重焦虑还是轻度焦虑，处理和改变想法都无法使人摆脱焦虑。

自此我彻底放弃了认知疗法，只采用元认知疗法进行治疗，原本后者很有可能帮助这两位女士永久摆脱焦虑，但当时我还并不熟悉这种治疗形式。在过去几年里，元认知疗法传遍世界各地，我希望在本书中介绍这种治疗焦虑症的方法，证明其有效性，并让读者了解元认知治疗的过程。在迄今为止的职业生涯中，我还没有遇到过比它更有效的疗法。

精神科医师协会将焦虑症列为丹麦最常见的精神疾病之一，并估计，每年大约有 40 万成人、儿童以及数量不断上升的青少年出现焦虑症状。《德国医生报》2017 年的一篇网络文章显示，德国每年约有 980 万人患上焦虑症。"焦虑"这一概念在这一语境下代表了焦虑症的整个谱系，包括神经过敏的所有类型、紧张和身体不适。不过，这一概念在本书中只代表精神疾病，不指代焦虑感。

我们所有人都体会过焦虑感。当我们晚上听见奇怪的声音时，我们感到焦虑；当我们坐飞机遭遇颠簸时，我们感到焦虑；当我们深夜从噩梦中惊醒时，我们感到焦虑；又或者当我们或我们的爱人生病、我们被解雇或陷入经济困难时，我们感到焦虑。焦虑与喜悦、担忧、生气等明显的、重要的感受一样正常。为某件具体的事情感到焦虑并不是疾病，也无须治疗。有的人甚至刻意寻找让他们感到焦虑的情境，在蹦极或恐怖电影中获得乐趣。

然而，如果你反复地被迫处于焦虑状态或者持续感受到紧张、害怕和不适，你就可能患上了焦虑症。这种疾病有毁灭性的力量，因为它会让生活停滞不前。人们被持续的忧虑和不安填满，感觉像在流沙上奔跑，或者不知何时就会感到紧张和烦躁。总之，焦虑是一种相当复杂的现象，我们应当努力去阐明这一现象，以消除误解。

本书围绕焦虑症的所有类型展开。当我提到焦虑时，我指的是这一疾病而不是这一感受。我也会穿插使用治疗师所使用的具体诊断，使患者得到正确的帮助。有的患者患有广泛性焦虑症，有的患有健康焦虑，或是社交恐惧症，又或是惊恐障碍。焦虑症通常呈现出混合病征。首先，这些症状在各个诊断结果中不断重复；其次，它们在不同诊断结果中也会相互叠。

什么是焦虑症

焦虑一方面是一种所有人都拥有的感受，是自然且无害的。但是，焦虑同时也是一种困扰很多人的精神疾病。确诊患有焦虑症是极度令人痛苦的，意味着生活质量受限。这一疾病有许多面孔，不同的人对其有截然不同的感受。

世界卫生组织（WHO）在其公布的《疾病和有关健康问题的国际统计分类（第10次修订本）》第5章中列出了焦虑症的所有诊断标准。

焦虑症主要被分为以下两类：

神经症，这一类别包括了最常见的焦虑症

- 社交恐惧症——害怕与他人交往
- 惊恐障碍——短时、剧烈的惊恐发作以及对惊恐发作的焦虑
- 广场恐惧症——对在家以外的场合中活动的恐惧
- 特定恐惧症——对本身并无危险性的特定事物（比如小丑）或环境的恐惧
- 健康焦虑症——对疾病的焦虑
- 广泛性焦虑症——持久的焦虑和担忧，并导致紧张、内心不安和神经过敏
- 强迫症和强迫行为

压力相关障碍

- 创伤后应激障碍（PTSD）

所有的焦虑症都有一个共同点，那就是会给患者带来沉重

负担和巨大痛苦，因为他们会不断被身体的症状、折磨人的想法和恐惧轰击："这会杀了我吗？""如果我变成一个彻头彻尾的白痴该怎么办？""我的心脏跳得很快——要是我心肌梗死了该怎么办？""要是我的丈夫出轨了怎么办？"这些身心症状占据了所有注意力，以致这些患者几乎没有精力去考虑其他事情。他们唯一的目标就是摆脱焦虑。

患有焦虑症的人如此之多，这让人完全无法接受。从统计学角度来看，我们每个人在一生中都会接触到这种疾病，患者可能是我们自己，也可能是身边的朋友、亲人。

为什么焦虑症的患病率如此之高，为什么越来越多的人被确诊？在我看来有多种原因：第一，在丹麦，越来越多的人开始关注焦虑症，而不再像以前一样忌讳这种疾病。这也鼓励越来越多的患者向医生倾诉。第二，家长和学校及托管机构的专业人士明显对这种疾病更加敏感，会更早地关注儿童和青少年的相关症状。第三，当今的健康领域从业者受过更好的训练，能够辨认出焦虑症的不同症状并给出具体的诊断。我的患者表示，他们觉得自己被接纳了，无论他们焦虑的对象是疾病、孤独、亲近、打针、小丑等事物，还是只是焦虑本身。

尽管社会越来越接受焦虑症的所有形式，但仍然无法解释：为什么一些人会患上焦虑症，而其他人没有？为了找到这一问题的答案和解决方案，几十年来，流行的诊疗实践一直深入挖掘患者的过去、工作日常、伴侣关系、家庭生活及其人生观和世界观，以更好地了解患者自身。在谈话治疗中直面痛苦，分析当下的身体反应、感受和想法，并找到它们的来源，是一种很常见的疗法。其他疗法则致力于追踪和发现身心的不平衡状态，反复思考头脑中的想法并对世界形成新的看法。所有这些疗法与自我分析和自我反省都是相通的。

不要解剖心灵

很久以来都存在的一种观点是，我们只有探索自己的心灵和生命，才能找到焦虑的原因以及战胜它的工具。人们认为，焦虑是环境影响或者层层累积、未处理的创伤（它们对我们敏感的心理构成威胁）所造成的合理后果。一个人心理敏感，是因为他属于某一类人，或是不利处境引发了心理敏感。

因此，对焦虑症的治疗总是从以下一种或几种观点出发：

过于活跃的神经系统

广泛存在的关于焦虑症一种解释是，一些人的神经系统过于活跃和敏感。他们将内在不安视作巨大威胁，也过于密集地接受环境传递的信号。因此，他们的神经系统尤其需要多多休息，例如时常或每天练习正念、冥想、瑜伽和其他呼吸技巧或放松术，可能的话去度假休养和徒步旅行。这些活动可以使神经系统平静下来，帮助患者回归宁静，避免再次出现引发焦虑的情绪波动。过于活跃的神经系统也可以借助对抗疗法的练习进行调节，因为当神经系统适应令人焦虑的环境时，焦虑就会减少。

不现实的灾难性想法

还有一种观点是，一些人错估了风险和处境，因此产生焦虑的风险更高。因为他们"非黑即白"的想法诱使他们总是假设最坏的情况。为了克服焦虑，这一人群被建议检视或者扭转他们的想法。他们可以通过反问把这些负面想法变成更具体的、更现实的想法，比如："我对于现在就会死去的焦虑有多现实？我才34岁，并且十分健康。""我对于飞机坠毁的焦虑有多现实？飞机坠毁是非常少见的。""我到底是怎么知道班里没有人喜欢我的？昨天安妮还约我放学后见面。"

未处理的创伤

与面对其他精神疾病一样，人们总是认为心理会自动储存未处理的创伤和那些造成沉重负担的感情经历，它们可能会成为焦虑的导火索。当人们重新陷入相似境地的时候，未处理的创伤就可能以焦虑的形式爆发。因此在治疗过程中，首先要在谈话治疗时了解相关信息，并找到处理情绪负担的工具。

期望压力

显然，不断增加的期望压力也是焦虑和紧张不断增加的原因。许多人苦于期望压力，尤其是在职场上，因为职场通常期待员工具有高度的灵活性和效率。我们被期望继续进修、保持健康愉悦的状态、外貌良好、在工作和私人生活中做到百分之百高效。我们可能会因为不断努力去满足这些期望而生病。一些专家强调，我们以模拟现实方式运作的大脑无法完成每天所面对的如此之多的要求。因此他们建议，社会应该把目光"更多地投向内在"，以减少导致疾病的期望压力和成就压力。政治家、雇主和媒体应该承担起责任，焦虑症患者应该学会使用安抚策略，设定不那么完美的标准；要学会说不，更好地感受自己、关注自己。

家族倾向

多年来，焦虑症患者和一大批心理学家、心理治疗师一直在探讨第五种解释：一些学说认为，精神疾病可能具有遗传性。正如乳腺癌有家族聚集倾向一样，一些家族也更多地受到精神疾病的困扰。因此关注个人的同时也应该关注其他家族成员的状况，尤其是在失业、离婚、精神疾病、受伤等危机情况发生时。如果人们总是比精神疾病先行一步，那就可以预防性地寻求治疗师的帮助，或者当疾病来袭时立刻做好接受治疗的准备。

神经系统可以自我调节

这些对焦虑症的解释都秉持同一观点，即我们应该主动调节神经系统，改变我们的想法，以避免或者摆脱焦虑。而我持完全相反的观点。人类的神经系统生来就是完美的，不必修正、调节和改变。我们的大脑是很强大的，比我们以为的更强。我们只使用了很小的一部分脑容量。如果我们不对种种心理活动进行干扰，精神会自行稳定下来。

当然，你有理由问我为何如此坚信这一观点并且否定心理调节的必要性，为什么我反对改变想法、降低期望压力、使用放松术和镇静药物——尽管我本人在多年的治疗中也运用过这些手段。我并不打算否认，像无数心理学家、精神科医生和治疗师一样，我曾长期通过这些方式去治疗焦虑症。我和患者一起处理、抑制那些制造焦虑的想法，在谈话中分析相应的行为，以此来镇静、调节过于活跃的神经系统。我一直尽我最大的努力去帮助他们。

我将为我如今的观点阐述三个理由。前两个可以很快解释清楚，第三个需要的篇幅更长，我会在接下来的几页里详细阐释。

1. 焦虑是一种暂时的、无害的感受，我们每个人都会在生活中感受到焦虑。

2. 灾难性想法是很正常的，不必因此担忧或者焦虑。

3. 可信的研究结果表明，我们的心理可以自我调节。

我将分别阐释这三点：

1. 焦虑是一种暂时的、无害的感受，我们每个人都会在生活中感受到焦虑。

正如前文所说，和喜悦、悲伤、生气、幸福或者苦闷一样，焦虑是一种很自然的感受。这些感受都可以自行产生、自行消失。热恋可以是令人倾倒的，也可以是令人痛苦的，但是这种感受会消失。搬进新家的喜悦也会随时间消失。因为前一周在工作中遇到的不公平现象或者对放学路上从孩子身边疾驰而过的冒失鬼产生的愤怒也会消失。最初焦虑也是这样来了又走。焦虑确保了人类可以存活延续下来，因为它使我们的祖先免于被危险的捕食者吃掉，或者食用有毒的果子。只有清醒认识到所有危险的人才能够活下来。焦虑通过报告危险并且在战斗或者逃跑时促进肾上腺素分泌来保护他们。焦虑和恐惧对于我们现代人的重要性不亚于我们祖先。当你参加考试时、在一群人面前演讲时或者从事一份新的工作时有一点焦虑，这是自然的，也是完全有意义的。因为它使我们更加敏感、更在状态。当你处于必须要快速逃跑的情境中（比如家里着火了）时，焦虑会提供额外的肾上腺素并给予你发挥出最佳水平的力量。这种情境焦虑使内心情感产生波动，让你感受到生命的鲜活。这不应该被避免或者被克服。

2. 灾难性想法是很正常的，不必因此担忧或者焦虑。

我反对心理调节的第二个理由是，不时被灾难性想法席卷是完全正常的。一个灾难性想法是围绕可能发生的灾难展开的。"如果我像其他很多女性一样得了乳腺癌怎么办？""如果我儿子考试不及格怎么办？""如果大家没听懂我的讲话，我像个傻瓜一样站在那里怎么办？"大多数心理学家和治疗师通常会在这些灾难性想法里看到焦虑的导火索,因此他们的学说总是致力于仔细研究这些想法并让它们接受现实的检验。但是我持另外一种观点,即我们的灾难性想法本身并不是问题。这些想法并不会造成我们的焦虑,即使它们是负面且不现实的。想法的半衰期非常短,令人焦虑的想法也是。

3. 可信的研究结果表明,我们的心理可以自我调节。

阿德里安·威尔斯和他的同事杰拉德·马修斯(Gerald Matthews)多年来一直从事精神疾病方面的研究。他们从"焦虑等精神疾病是外来的,是生活状态、遗传因素和环境影响的必然结果"这一传统观点出发,研究了焦虑症在不同人群中的发展状况。如果遵循这一普遍逻辑,那么所有经历过创伤、陷入特定生活状况的人一定都会患有焦虑症或者其他精神疾病。但事实并不是这样。这两位研究者发现,糟糕的经历让一些人患上了焦虑症,另一些人却能免受其苦。由此他们得出结论,压力、灾难性想法或者尚未处理、不断累积的创伤经历并不一定会导致焦虑症。恰恰相反,威尔斯发现,人的心理像一个筛子,如果我们允许,感受和想法就会从中缓缓流过,然后消失。创伤和经历不会像人们多年来所认为的那样,在我们的心理背包里不断累积。想法和感受是易逝的,它们可以自我调节。我们上周的想法和感受早已自行消失了。

如果创造正确的条件,人的心理可以自我疗愈——就像如果我们处理得当，身体的伤口可以自行愈合一样。当我们坚持处理出现的每一个令人不适的感受和想法时，我们的精神就会因为过于兴奋而痛苦。但是当我们能够不去理会这些感受、想法和身体感觉（即使它们是不适和痛苦的）时，我们的心理就会自行重建平衡。

威尔斯因此得出结论：为了比焦虑先行一步而警惕可能存在的危险，过度纠结于感受、想法和身体感觉，恰好会起反作用——焦虑依旧存在，并且可能增加。

当然，威尔斯和马修斯在1994年公布这一研究结果时引起了很大争议。一方面，这一结果与医生和治疗师多年来所遵循的关于精神疾病产生原因的所有普遍观点相悖；另一方面，这意味着，迄今为止投入使用的治疗方法并不是最优的。一些心理学家采用弗洛伊德的精神分析法，这是一种在谈话中探讨幼时经历的疗法；其他大多数心理学家则采用认知行为疗法，对想法的对象和内容进行探究。威尔斯的研究结果表明，这些学说都不大合适，甚至可以说完全不合适。这让心理治疗师和患者都感到不知所措：我们完全不应该讨论这些让我们饱受折磨、充满不安的想法吗？我们不应该为了更好地看清并处理这些经历和创伤而去思考它们吗？那些天生容易忧虑的人，面对焦虑只能无能为力、别无选择了吗？对此威尔斯回应称，事实上，并不是我们的想法和感受制造了焦虑，而是对它们的处理导致了焦虑。一个人越执着地去研究这些想法和感受，状态就会越糟糕。此外，威尔斯表示，担忧并不是人的性格中的一部分，而仅仅只是一种不当应对策略、一种不良习惯。

我理解，威尔斯把担忧看作一种策略可能听起来很具有挑衅性，尤其是迄今为止担忧仍被看作一种深深根植在人类性格中且无法控制的特质。因此，把担忧作为一种责任归结到个人身上显得很不善解人意。但这不是威尔斯的本意。多年来他一直研究精神障碍的成因，以开发出让精神疾病患者摆脱痛苦的治疗方法。当他根据研究结果将担忧定义为一种不良习惯或不当策略的时候，他十分激动。因为只要人们理解了不良习惯和不当策略是如何产生的，就可以打破和改变它们。这也意味着，没有人必须终身忍受焦虑症之苦，即使是那些自认为属于反刍类型的人。

长时间的反刍只能制造焦虑

担忧并不是一定要避免的坏事，我必须再次强调这一点。因为大多数时候这只意味着人们在彻底地思考某件事。我们所有人都必须时常权衡利弊："我有足够的勇气拒绝老板交给我的这个任务吗？或者更好的做法是先完成它再跟老板说？""我们应该现在重修屋顶吗？还是选择相信它还能撑几年？""我能够忍受在我把煎肝端上桌时的咒骂吗？还是我最好做鸡胸肉？"这些都是人们必须要做的或大或小的决定。对于一些事情我们可以在几秒钟内就快速做出决定，对于另一些则需要更多时间，因为我们必须权衡所有可能性，或许还要再和他人交流一下意见。

威尔斯教授关于焦虑成因的研究表明，所有人都会时不时地忧虑，只是有的人频率更高、程度更强。但是，即使是那些过于担忧的人也不一定会自动产生焦虑。一些人会焦虑，另一些人却不会。威尔斯教授一直在寻找导致焦虑产生的因素。是什么引发了焦虑？存在一些制造焦虑或者维持焦虑的特殊场景吗？焦虑与一个人经历创伤的数量有关吗？它与一个人每天不得不面对的问题的严重程度有关吗？焦虑会遗传吗？它与环境有关吗？

经过近20年的详尽研究，威尔斯得出了结论：对于焦虑症及抑郁症等精神疾病的成因最具说服力的解释，是对想法和感受的过度纠结。一个人越是频繁地揣摩自己的感受和想法、留意潜在的危险、为了应对或回避特定情况而制订多种计划，焦虑症产生的风险就越大。也就是说，人们用来摆脱焦虑的策略恰好会矛盾地起反作用：它们会引起和加剧焦虑。

威尔斯和马修斯用他们的研究结果证明，担忧并不像人们到目前为止所认为的那样是焦虑的症状，而是焦虑症产生的原因之一。人们不是因为有焦虑症而担忧，而是因为过于担忧并因此产生对担忧失去控制的感受而患上焦虑症。人们会因为自己过于担忧而担忧。

没有人是充满忧虑地来到这个世界的

没有人是带着忧虑来到这个世界的。但是忧虑是天生的（就像瞳色或歪牙一样）这种观点总是顽固地存在，我们无法简单地摆脱它们。根据威尔斯和马修斯的观点，忧虑更多的是我们有意或无意采取的一种策略，让我们能够去应对我们的感受和想法。这是一种不自觉的不良习惯。但是我们可以改变它，只要我们愿意——这对所有的习惯都适用。我经常遇到认为自己"忧郁"的人。我通常会问他们3个问题：

- 是你自己决定是否值得为某个想法而担忧的吗？
- 你是否曾经忘记你的担忧，哪怕只持续了很短时间？
- 看电影、聊天或者做你喜欢的事情会不会减少你的担忧？

对于我，一名心理学家来说，威尔斯的研究结果让我感到震惊。因为它让我明白了，监测患者的感受，探究、检验患者的想法以及处理想法的技巧，这些被包括我在内的几代心理学家认为有效的疗法恰恰起到了反作用。所有这些都是引起和加剧我们原本想要治疗的焦虑的原因。这些新的认知使我深受触动。

我曾经也是拥护认知治疗的心理治疗师之一。认知治疗的出发点是，焦虑的原因是对周遭世界的不现实的、负面的基本设想和解释，必须把它们变成现实的、积极的想法。多年来，我在谈话和行为实验中检验、测试患者的想法，不断将他们置于引起焦虑的环境中，直到他们的焦虑水平有所降低。我和患者讨论他们的想法以及对经历的解读。社交恐惧症患者害怕陷入尴尬，因为害怕被排斥而逃避当众讲话。我曾鼓励这些患者去检验他们的想法，先在一小群人面前做简短的演讲，然后再面对越来越多的人。我曾经和一名幽闭恐惧症患者不停地坐电梯，以帮助她摆脱恐惧。我曾经让害怕在不洁环境中染病的强迫症患者接触很多污秽和尘垢。所有这些做法的目的都是帮助患者认清他们的灾难性想法，并且通过面对它们来减少焦虑。

认知治疗对一些人起到了很明显的效果。一些之前不敢坐火车的患者坐了10次火车之后焦虑程度明显降低；社交恐惧症患者慢慢地相信，只有很少一部分人（也许40个人中才有一个）会在他们在咖啡馆里打翻杯子时奇怪地看着他们。但是，认知治疗需要很长的时间，经常需要几个月，并且长期效果不可知。经验告诉我，新的灾难性想法很快就会出现，患者又会来寻求新的治疗。这样，一个人会把一生的时间都用在谈话和对抗治疗上，而错过最重要的事情：活在当下，享受人生。

我曾经认为，是个人的信念引发了这些问题。因为一个人越是坚信潜在危险或者一种感受，那么他患上焦虑症的风险就越大。因此，我曾经采取的方法是同患者一起观察、处理他们的想法，以改变他们的信念。比如说，我们会拿着放屁坐垫[一]去咖啡店，或者用水假装袖子上的汗渍，又或者为了流眼泪而在鼻子下面抹万金油。做这些事的目的是在现实中检验他们的灾难性想法，观察当他们偏离常规的时候，是不是真的会被他人注视。斯泰恩小朋友非常害怕因为鼻子上的鼻涕而受到他人排斥。她频繁地擤鼻子，直到鼻子出血。为了在现实中检验这个想法，我和她去了超市。我在鼻子下面抹了像鼻涕一样的香蒜酱。斯泰恩在一旁观察我和超市里的其他顾客。她需要注意有多少顾客盯着我看，以及有多少次我试图与其他人交谈却被拒绝。根据认知治疗模型，我希望用这种方法来检验、处理和改变她的灾难性想法。因为我认为这些想法是导致她焦虑的原因。我之所以运用这种模型，是因为它确实可以帮助患者（哪怕经常只是在短时间内），并且深信这是最好的办法。

如今，我们对焦虑的成因有了更精准的理解，因此也能更有效地走出焦虑症。我们过去所使用的现实测试不是最好的治疗形式。一个相信自己有10%的可能性得了癌症的人的焦虑程度可能与一个100%相信自己得了癌症的人一样高。因此，信念的程度并不是焦虑症的成因，担心自己可能患病所花费的时间才是。尽管我也十分清楚，认知治疗帮助了我的很多患者，但是我现在认识到，我本可以用元认知治疗更好地、更温

[一] 一种恶作剧道具，只要一坐上去，就会发出"噗"的声音。——译者注

和地、更快地帮助他们，并让疗效更加持久。

我也对那些创伤后应激障碍患者进行了对抗治疗，让他们一再叙述他们的经历——遇袭或者被强奸。我和他们一起详尽地回忆过去，帮助他们填补记忆中的空白。因为根据认知治疗理论，创伤后应激障碍会引起记忆功能（也就是记忆力）的改变。我当时尽全力完成治疗，但后来才知道，我本可以不使用对抗疗法，更加温和地帮助创伤后应激障碍患者。

我也绝不会忽略强迫症患者，我曾经按照同样的原则让他们直面他们最大的焦虑。反应阻止法（response prevention）是认知治疗的重要部分，其目的是防止强迫症复发。现在我知道了，哪怕是强迫症患者也可以不通过这些过激的手段重获健康。

威尔斯在表明"处理令人焦虑的想法所花费的时间引起了焦虑症"这一观点后，又合理地提出了以下问题：为什么一些人要花几个小时去纠结他们的想法、感受和身体感觉？为什么他们认为这是一种正确的策略？他提供了3种答案：

1. 面对这些想法和感受时，我们无能为力。

2. 我们觉得我们必须这样做，因为这些想法和感受太强烈或太危险了。

3. 我们认为这样做是有帮助的，这样我们就可以控制想法和感受并回归平静，哪怕只是一小会儿。

这 3 种答案就是元认知信念。

焦虑症应对模式的转变

威尔斯的研究结果引发了焦虑症治疗领域的变革。根据研究成果，威尔斯在 2009 年出版了一本关于元认知治疗这一全新疗法的手册。元认知治疗首先聚焦于人类形成的用来应对想法和感受的策略，同时也关注人类如何控制自己的思想和行为。当生活顺利的时候，我们会反刍多久？当生活不顺的时候，我们又会反刍多久？当我们感受到焦虑的时候，我们会怎么做？当我们感受到美好的时候，我们又会怎么做？这一疗法的基本观点是，我们可以控制我们的注意力并且减少反刍，这与我们是否感受良好无关。这听起来是不是太棒了，以至于不太真实？当一个人真的非常担心的时候，他该如何停止担忧？当一个人真的发觉自己的想法十分危险并且可能造成危害的时候，他该如何摆脱这些想法和焦虑？

元认知治疗是这样发挥作用的

元认知治疗主要由 4 步构成，每一步都有相应的练习。这 4 步适用于焦虑症的所有形式。

1. 认清触发担忧和反复思考的想法和感受。
2. 识别自己会有意或无意地运用哪些策略去遏制

这些想法和感受。例如：担心，反刍，分析，对潜在危险保持警惕，试图回避引起焦虑的事物，或者麻痹焦虑。

3. 学会一种让我们以不同于以往的方式去应对想法和感受的技巧："分离注意"让我们能够把关注点从我们自身、我们内心转移到生活中去。

4. 转变过去的策略。元认知信念让我们相信我们无法掌控这些策略，相信我们的想法和感受都是危险的并且反刍和担忧都是有意义的。

最后，让我们通过填写一张新旧习惯表格来记录整个过程（5个患者案例的结尾都附有这张表格。）

这是有用的！研究结果证明，我们的策略绝不是不可控的，它们只是根植于信念中的习惯而已。

我想以社交恐惧症患者为例来阐述这一点。他们在与别人共处的时候非常害怕自己显得很迟钝、愚笨，因此尽可能地回避这种场合。他们的策略之一就是提前考虑很多问题："如果我说了一些很蠢的话怎么办？""如果他们觉得我看起来精神不正常怎么办？""如果没有人想跟我说话怎么办？"他们所有的能量都被用在了这些探讨如何才能避免看起来迟钝和愚笨的心理对话上。社交恐惧症患者的策略还包括在与他人相处时回避眼神交流、双手不动、脑子里不停地检查说过的话。

根据元认知疗法的理念,不是社交恐惧症引起了过度担忧和强迫自己精确计划每一个细节。恰恰相反:这种担忧和计划性引起了社交恐惧症。人们因为太过担忧而患上焦虑症。

在元认知治疗过程中,这名患者发现,这些想法自行产生,如果不去反复思考、加工它们或者与之抗争,它们也会自行消失。他明白了他可以控制这些应对想法和感受的策略。忧虑只是人们习惯采用的一种策略。人们可以放弃这种策略,以减少会引起强烈内心不安的自我关注。

自2009年以来,其他研究者相继发表了多项研究,均证明元认知治疗对焦虑症有效。一项发表于2012年的、以126名广泛性焦虑症患者为实验样本的随机控制研究结果显示,91%的患者接受元认知治疗14次以内即可消除症状。2017年,另一项以严重混合型症状焦虑症患者为样本的研究表明,元认知治疗对焦虑症状具有快速疗效。2018年发表的一项大规模比较研究的结果显示,认知治疗组38%的参与者两年后焦虑症未复发,而这一比例在元认知治疗组高达63%。全世界的心理学家(包括我)都在学习威尔斯的这一疗法,并且每天都在诊所和医院中通过这一方法减轻精神疾病患者(包括焦虑症患者)的症状,使很多人痊愈。

这些研究结果十分可信,因此英国卫生部门推荐使用元认知疗法治疗广泛性焦虑症。

你已经接受治疗了吗？

你正在治疗吗？

如果你目前正在接受心理治疗师的认知治疗并且不想中断，那我建议你不要同时进行元认知治疗。因为这一疗法将"我们的神经系统无须外界调节"视为最高准则，而认知治疗的出发点恰好相反，认为我们的神经系统需要通过改变想法、借助对抗训练从外部进行调节。这两种疗法的观点是对立的，二者结合使用轻则造成严重混乱，重则可能导致患者病情恶化。因此最好只使用一种疗法。只有这样，治疗才能发挥最大效果。

你正在服药吗？

你绝对不能直接停服医生开的药。在这里强调这一点非常重要。经常忘记吃药可能导致严重的副作用及病情反复。如果你不想继续服药，请咨询你的主治医生该如何逐渐摆脱药物并开始元认知治疗。

我们是有自我修复能力的

元认知治疗是基于"我们的精神可以自我调节，创伤和负面经历不会积累"这一认知展开的。身体可以自愈，心理也是如此。我们知道，当切菜切到手指时，当骑自行车摔破膝盖时，只要我们不触碰皮肤、不摩擦伤口，伤口就会自己愈合。威尔斯和马修斯表示，我们的心理也是如此运作的。一次不愉快的经历或者对不适环境的焦虑可以让我们纠结很久，占用我们的注意力并且不停地引起新的猜测、推动思潮的起起伏伏。对一些人来说，这些担忧和沉重的想法会自行消失，因为他们的注意力会被生活中的其他事情所吸引；他们心理上的创伤不再被触碰，便会很快痊愈。另一些人则一直担忧，忧虑与日俱增，每天都要花费他们几个小时。他们不停地思考，希望能找到解决问题的办法。他们坚信，通过这种策略就可以摆脱担忧和焦虑。

林妮将在后文中向我们讲述她是如何被担心自己不够好的焦虑所填满的。学会从"要是他们觉得我很蠢、觉得我不够好该怎么办"的担心上分散注意力后，她摆脱了焦虑。元认知治疗的核心就是帮助患者学会分离技巧，以达到分离注意的状态，也称"超然觉察"。如果一个人能把他的注意力从想法和焦虑上转移或者分离，想法和焦虑就会消失。

这方面的研究提供了关于人类心理及其运作的全新观点。威尔斯和马修斯提出了心理运作的3个相互作用的层面，并且给出了"谁会患上焦虑症？""为什么不是所有人都会患上焦虑症？"等问题的答案。元认知模型即情绪障碍的自我调节执行功能模型（self-regulatory executive function model of emotional disorder，S-REF-Model），包含了人类心理的以下

3个层面：

1. 下层：自发的想法和冲动
2. 中层：策略
3. 上层：元认知信念

1. 下层：自发的想法和冲动

焦虑症患者下层的心理运作与正常人是完全一样的。每天我们都会产生上千种感受，让3万～7万个想法在大脑中飞过，此外还有冲动和直觉大量涌来。所有这些发生于下层的活动都是自发的、不受控的。当焦虑症患者感到身体刺痛、内心极度不安、惊恐、害怕患上某种疾病、害怕被遗弃或者死亡时，所有这些感受都是我们被迫面对的、不可控的。它们都是基于联想、回忆和经历而自发产生的。在这一层面上，没有什么是主动产生的，不论我们身处何种情况、产生何种感受和想法。好的想法、不好的想法都是自然的。这一层面上所发生的活动对所有人来说都是一样的，除了创伤后应激障碍患者以及受闪回症状（指负面的、令人惊恐的过往记忆碎片近乎真实地在脑海中再现）困扰的人。强迫症患者在下层同样会出现非自愿的、强迫性的想法。但这些记忆碎片、想法、感受和冲动本质上都是自发的，无法被抑制。问题不在于它们的出现，而在于我们对它们的判断和反应：我们是否认为它们很重要并有必要处理。我们会在下一层（也就是中层）做出决定。

2. 中层：策略

位于中层的是用来处理对我们十分重要的想法的策略。好的策略是，在一定时间内处理这些想法和感受，然后就让它们过去，以便我们的精神进行自我调节，恢复平衡。但是，当我们决定保留这些想法和感受并继续分析它们，我们就是在采用不当策略。这些策略包括：非常详细地检查每一个想法和感受，反复思考，寻求答案，担忧，让想法消失并选择逃避。寻找其他同样令人不适的处境或经历，渴望从外界获得支持和认可（"一定会变好的""你有充分的理由去焦虑"），或者通过大声播放音乐、看电影、喝酒或跑马拉松来驱逐想法和感受，这些也都是不当策略。如果我们试图使用这些策略中的一种来主动应对来自下层的心理活动，我们就会妨碍心理的自我调节。同时，我们也会无意间加剧内心的不安和焦虑。我们主动采取某一策略是为了达成某种目的——可能是需要安宁、想要获得答案、寻求秩序或者希望避免可怕的事情发生。大多数情况下，习惯会获胜，我们会决定采取我们熟悉和信赖的策略。

3. 上层：元认知信念

处于上层的是我们对于自身想法和思考过程的看法和信念。比如"我的想法对我是有害的、危险的，因此我必须制止和避免它们""我无法控制我的反刍""当我运用智力彻底地分析所有想法并找到解决方法的时候，我感觉自己拥有了控制权""只有当我提前计划好一切并做好准备时，我才能面对自己的想法和感受"。这些个人化的元认知信念决定了我们是否有能力应对来自下层的感受和身体感觉的轰击，以及我们是否认为我们能够控制自己在中层所选择的策略。

我想用丽塔的例子来阐释这3个层面。她曾是我的一位焦虑症患者。她的精神下层每天都会出现上千种想法。有些危险想法是关于恐怖袭击的，当她看新闻、与邻居聊天或者想到过去几年里发生的袭击事件时，这些想法就会被触发。她很焦虑，于是她开始在中层处理这些想法，尝试通过预估恐怖袭击的可能性来控制焦虑。她预设了所有灾难场景，以便做出最好的准备，从而控制焦虑。她的上层元认知信念使她相信这种策略是有效的，而且会成功。"如果丹麦真的发生恐怖袭击该怎么办？好吧，那袭击会发生在哥本哈根而不是我住的地方。如果真的在这里发生，我家附近有掩体。但是要是掩体入口被关闭了怎么办？"丽塔不看新闻也不去哥本哈根了。她在网上搜索在恐怖袭击时采取什么行动是最好的。这些活动都发生在中层。丽塔对于恐怖袭击的担心和关注加剧了她的灾难性想法，助长了她的焦虑。

借助这一包含人类心理3个层次的模型，威尔斯和马修斯彻底摒弃了过去的教条，即焦虑症等精神疾病是由未处理的创伤引起的，它们在我们的精神中留存下来并折磨我们。此外，这一模型还强调，并不是被错误理解的想法和感受制造了焦虑，因此治疗不应该专注于将负面想法转变为现实想法。大量的强迫性想法并不一定会导致焦虑症。强迫性想法和任何其他想法一样，都是无害的。不利的遗传因素或许也并不像之前所认为的那样，在焦虑症等精神疾病的形成过程中起到非常重要的作用。一些基因上的先天条件的确会影响我们的性格和感受力，让一些人比其他人更加敏感。但是反过来，这并不意味着我们的精神在强迫我们保留不适的感受和记忆并永远忍受它们。

如果我们不停地担忧一件事，并持续关注某些感受、身体感觉和想法，就可能患上精神疾病。

最好的疗法是减少思考

我所听说的许多担忧都可以被称为"非理性担忧"，也有一些担忧来自我们所有人都要面对的现实挑战。

我的焦虑症患者都有同一个愿望：摆脱焦虑。他们说，只有焦虑消失，他们才能充分利用所拥有的事物去真正地享受人生。他们饱受一系列症状和问题的折磨：身体上的痛苦，比如胃痛、胸闷、四肢灼痛；他们提到对死亡的恐惧、呼吸问题、反刍、思想混乱、晕眩、睡眠问题和惊恐发作，并且担心自己的健康、年龄、经济状况和与亲友的关系；他们害怕被辞退或者被抛弃；他们想了又想，如果错过公交车或者穿错外套会怎样,晚餐要不要吃千层面。一些人还因为折磨自己而担忧。

不久前,我和一位熟人谈论焦虑症的症状。与很多没有焦虑症困扰的人一样,他无法理解这些症状:"一直不停地思考所有事情是完全没有意义的。不必担心自己的健康,只要摄取充足的营养并且多做运动。不必担心赶不上公交车,只要养成早5分钟出门的习惯。如果担心世界和平——嗯,干脆就别想了,因为作为个人,我们什么也做不了。"

对于焦虑症患者来说,没有这么多"只要"。他们做不到"只要振作起来",摆脱焦虑。焦虑侵害了他们的身心。担忧占据了所有的空间,他们无法与想法抗争,因为他们赋予了它们力量,并且害怕如果自己什么都不做的话,这些想法就会变成现实中的危险。

大多数患者一开始都对元认知治疗理论持怀疑态度。这是可以理解的,毕竟他们绝大多数时间都在借助思考遏制焦虑。心理治疗师怎么能严肃地要求病人减少思考呢?"如果我不能思考所有事情,以此来整理各种想法并与它们保持距离,我会疯掉的。"一名患者这样对我说。我可以理解,产生对想法放任自流的想法也会让他们焦虑。人们可能也从其他治疗师那里了解到,回应自己的想法是有利的。西方国家基本上都同意一个观点,即谈论坏的经历、想法和感受是有益的、健康的。但并不是全世界的人都这样做。丹麦的一项研究显示,乌干达的一群前儿童兵成年后几乎都无忧无虑地生活着,尽管他们在儿童期和少年期受到过忽视、袭击、虐待和创伤的严重影响。"我们不经常谈论过去，这样只会让人心情变糟。"他们中的一个人这样说。

西方国家始终认为，人们能够通过思考控制忧虑。"我很担心我的钱，我还是必须买一个账本。为什么我这么担心钱？是在我的原生家庭里学到的吗？还是因为我害怕有一天被解雇？拜托，冷静下来，我被解雇的可能性到底有多大呢？其实跟所有人的可能性一样大。或者甚至比其他人更大一点，因为我去年跟老板吵了一架。哦不，那我必须把房子卖了吗？为了不这么担心，我必须坐下来把所有事情想一遍。"

最新的研究成果告诉我们，我们无法通过更多的思考来解决思考过多的问题。因为即使这些想法是敏锐的或者是有同理心的，最后也只会导致更多的思考。为了控制并且限制担忧，我们必须减少思考。这恰恰就是元认知治疗要告诉我们的。

泛滥的想法

- "为什么现在偏偏要想到前男友？他肯定又有了新女友！要是我一个人孤独终老怎么办？没有人愿意和我在一起。"
- "这已经是今天第二次胸痛了。要是我真的病得很重怎么办？邻居的爸爸不就是在胸痛之后就死了吗？我必须上网查查，胸痛意味着什么。我最好赶快给医生打电话，然后转诊到专家那里。我要是死在这上面该怎么办？"
- "我明天早上必须坐火车准时去参会。要是火车晚点或者停运了怎么办？最好还是开车吧。但是要是因为开错了路或者车爆胎了而迟到怎么办？"

正常的感受何时会演变为焦虑

我想再简短地阐述一下我的出发点：想法、感受和身体感觉都是正常的、暂时的。美好的、欢快的感受是这样，压迫性的、令人焦虑的感受也是这样。我们都遇到过这种情况：一种令人不适的想法、感受或者预感突然间产生并持续存在。我们因此睡不着觉，无法集中注意力，不能享受与家人或者朋友在一起的时光，因为这种想法或者感受一直都在。但是过了一段时间它就会减弱。问题会自行消失或者在我们的努力下得到解决，或者忧虑会消失。一种状态持续多久会变为焦虑呢？如果在刻度盘上观察这一过程，指针在什么时间点会从正常的感受转向焦虑症呢？我们可以在心理上层的元认知信念中找到答案。如果我们认为，我们可以控制我们的思想世界和情感生活，可以控制对一些事情的担忧和关注，我们就不会得焦虑症。但是，当我们任想法和感受为所欲为，每天数小时地反刍，从各个角度反复思考同样的问题并为之担忧，让它们决定我们的行为并且阻碍我们时，我们会因此产生失控感并面临被想法占据的风险。长时间的反刍会引起紧张、烦躁和不适。如果我们整天担心可能出现的疾病、即将发生的灾难、不可避免的解雇或者自身的焦虑,就会被它们占用很大的生活空间,使我们的生活质量严重受限,增加患焦虑症的风险。

焦虑症的形式反映出最困扰我们的担忧是什么。过度考虑自己的表现可能会导致社交恐惧症;对恐惧过度害怕可能会导致惊恐发作;对忧虑过度担忧可能会导致广泛性焦虑症;不停地观察身体症状可能会导致健康焦虑症。我会在接下来的几章中详细讨论这几种焦虑症。

你有担忧的理由吗

请跟着下图中的问题寻找相应的答案。你有担忧的理由吗?

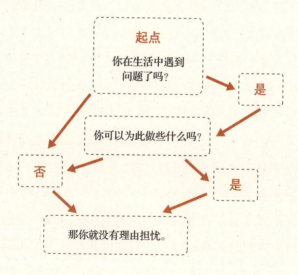

我在这本书中也会简要提及强迫症和创伤后应激障碍。虽然它们都属于焦虑症，但是必须单独对其进行讨论。强迫症患者都有所谓的与行动相混淆的思想，即关于强迫性想法的意义、威力和危害性的信念。患者认为自己必须认真对待这些想法，否则就会有可怕的事情发生。强迫性想法经常会在很大限度上偏离价值观和个人观点。患者可能会自我伤害、伤害他人甚至自己的孩子。毫无疑问，这样的想法是非常可怕的。它们很容易导致强迫行为，比如避免在刀具附近停留或者和孩子独处，因为患者害怕想法会变成行动。

一位创伤后应激障碍患者经常出现闪回症状，在视觉和情感上再次经历创伤性事件。近年来，丹麦加强了对创伤性应激障碍的研究，因为一大批从战区回国的士兵都患有该病。尽管这种焦虑症不同于其他焦虑症形式，但也可以运用元认知治疗，治愈率同样很高。

我们的担忧往往符合情理。当一个人真的被解雇时，他就会考虑能否在别的行业找到新的工作。当一个人刚刚离婚或者因为家里有人去世而痛苦时，对未来感到焦虑也完全符合情理。对于绝大多数人来说，这些担忧是具体的、让人感同身受的，这与一个25岁的年轻人尽管没有家族病史却依然担心发生脑出血的情况截然不同。人们当然应该谨慎细致地对待要做的决定，并和周围人进行讨论。反复思考以理清想法和感受并检验它们的真实性，这也无可非议。但是我建议，无论担忧的内容是什么，是否有现实依据，在担忧过于强烈以至于占据了对生活中美好事物的注意力前，就停止过度思考。这对于一个人来说是容易还是困难，与其上层的元认知信念有关。因此元认知信念在治疗中占据核心地位。为了不让担忧占据一整天的时间，我们可以运用"反刍时间"这种推迟方法。在接下来的几章里我会对其进行详细介绍。

我们继承了前人的策略吗

再来认识一下克里斯蒂安。他将向我们展示他是如何成功地将注意力转移到生命中有价值的事情上的，尽管他偶尔还是会焦虑。焦虑和恐慌曾与他形影不离，他一直认为这种担忧和反刍是他从爱意满满的原生家庭里的长辈那里复制来的。

孩子会模仿父母的策略和行为模式。我们的身体感觉、应对感受和想法的方式都很可能与我们的童年有关。我们从家中的成年人身上和周边环境中学会了怎样看待世界，怎样与我们的想法和感受相处。

我在本章开头列举了越来越多的人患有焦虑症的原因，但我遗漏了一个十分重要的原因：接受正确治疗的人太少了。

元认知治疗实践：走出焦虑的方式

针对焦虑症的元认知治疗过程是：

- 团体治疗或者一对一治疗；
- 每周治疗，治疗周期最长为3个月；
- 治疗次数为6～12次。

02
第 2 章

不当策略会引发焦虑
不当策略是由触发性想法引起的

吉特和卡洛琳马上就要入职新公司了，内心自然十分紧张。她们之前向我讲述的负面职场经历是相似的，都认为自己遭受了职场霸凌，并且因为上司没有维护她们的权利而感到失望。她们都因为公司改组而被裁员，但是又快速找到了新的工作。

卡洛琳来到我的诊所，因为她被解雇后感觉很糟糕。她说她变得更焦虑了，早晨醒来时总感到嗓子里有异物、心动过速、头疼、口干，不停在想："要是在新工作中又遇到麻烦该怎么办？或许我才是问题本身？我要是又被解雇了怎么办？"

卡洛琳希望我帮她找回平静，为新工作做好准备。

吉特是我的旧相识，她恰好也陷入了同样的处境，但是她不需要帮助。我非常激动，因为这两位女士的经历如此相似，我可以跟踪她们在入职新公司前的发展，观察二人间可能存在的相同点和不同点。

她们都说，曾经的职场霸凌让她们感到不安。她们在这一过程中和过程后都产生了强烈的反应：神经紧张、睡眠不佳、惊恐发作、自我价值感降低。

吉特的这些症状在一段时间后消退了，而卡洛琳的症状却愈发严重。她感觉很糟糕，持续地感到恶心，并且无法真正地期待新工作的到来。可怕的经历每天都会再次浮现，不停地折磨她。她尝试打消这些想法，为新工作做准备。她上网查阅新公司、新行业的介绍，列表格、做笔记，计划着第一天上班要给大家留下一个好印象。她用呼吸练习应对不断出现的胸闷感。她越来越感觉自己将要消失在一个黑洞里。她感到焦虑，非常担心反复的思考会让自己生病。"我会不会因此得高血压，或者心脏骤停？"

她开始回避会让她想起职场霸凌和解雇的场景。比如她会为了不路过曾经的工作地点而绕很远的路去购物。她也不会接要好的前同事的电话。当她被负面情绪席卷的时候，她会劝自己，世界上的其他人也经历过职场霸凌和解雇，至少她很快找到了新工作，以此来安抚自己。她尝试通过玩手机、和家人朋友待在一起、再三检查所有事情来分散注意力，从而驱散这些焦虑想法。每个人都安慰她，一切都会变好的。

卡洛琳的睡眠障碍越来越严重。她听有声书并在睡前做放松练习。但是每当半夜醒来，她又会陷入反复思考："如果我一直这样下去，在疲劳的迷雾里乱走，我到底还能不能为新工作做好准备？要是我因为睡眠不足而无法集中注意力，在新工作中把所有事都做错了怎么办？我要是因为睡眠不足而生病怎么办？"

卡洛琳感觉她的焦虑占据了上风，她所有的注意力都集中在自身感受上。她失去了控制并出现了一些焦虑症状。

在一次私下会面时，我问吉特，她是怎么处理这次解雇并为新工作做准备的。吉特说，她根本没有在这上面想太多。当她回想的时候还是会感到紧张，这肯定与职场霸凌和解雇有关。但是当她不想这些时，就能把注意力集中在其他事情上。她很享受这样的确定感：有一份新工作在等待她，在此之前她能够心安理得地和家人待在一起。她睡得更久了，并且能够把注意力转移到担忧和负面经历以外的事情上。

对吉特和卡洛琳经历的比较显示，尽管她们的经历十分相似，但是她们中只有一个人有焦虑症状。卡洛琳的状态越来越差，症状越来越多，并且害怕新的工作。吉特的发展却完全不同，她的焦虑和不安在一段时间后消失了，她已经准备好去尝试新事物了。

缘由在于，吉特允许自己的感受和想法在她关注其他事情的时候自行调节，卡洛琳却继续沉浸在想法的旋涡和焦虑中，并且决定用一系列活动来对抗不安。卡洛琳的信念是，只有当不安消失了，她才能开始期待新的工作。但是这些活动引起了恶性循环。当她早上起床时，就会觉得嗓子被异物卡住了，事事不顺的想法使她焦虑并压倒了她。身体不适和焦虑又导致了失眠。当她有一天在报纸上看到压力过大会导致脑损伤时，她彻底崩溃了。过多的担忧和恐惧给她造成了非常大的压力。她不仅因为感受和想法决定了一切而感到失控，还因为自己的焦虑而焦虑。她甚至怀疑自己会因此遭受慢性认知损伤。每天她都在回想这一天过得怎么样："今天胃痛比昨天更严重了吗？今天眩晕过吗？记忆力下降了吗？邻居有没有盯着我看？他们能看出我状态怎么样吗？孩子的行为举止跟平常不一样——我到底做错了什么？要是我明天过得还是这么糟糕怎么办？我要是永远好不了该怎么办？"

每当患者来诊所接受治疗，我便向他们讲述卡洛琳和吉特的经历，他们马上就明白发生了什么：一个人患上了焦虑症，另一个人则没有。想法和感受怎么可能在一个人身上轻易地消失，却在另一个人身上获得控制权并夺去了如此多的时间和生活乐趣？"为什么我的经历和卡洛琳一样？"许多患者这样问自己。

我希望在这里引入两个概念。一个概念是触发性想法（trigger thoughts），另一个概念我已经使用过：不良习惯或者不当应对策略，这些策略在元认知治疗中被称作 CAS，全称为 cognitive attentional syndrome，即认知注意综合征。威尔斯将这些策略（过度担忧；对于想法和感受的过度反刍和分析；监测情绪变化；压制想法、镇静技巧和缜密计划）视为所有焦虑症的成因。

触发性想法并不危险，但会让人焦虑

人类大脑每天会产生 3 万～ 7 万条想法、联想和回忆。其中绝大多数对我们来说都是完全没有意义的："那边有一位女士在跑步。""天气预报有误。""这根头绳是红色的。"这些想法来了又走，几乎不会被注意。但是有一些想法会引起我们的注意，在元认知治疗中，我们称其为触发性想法。trigger 在英文中表示"扣动手枪扳机，触发潜在爆炸"。因此，触发性想法会引起强烈反应、身体感觉和感受的爆发以及一系列联想。

触发性想法十分多样化。它们可以引起温暖美好的感受，起因可能是即将开始一项令人激动的项目，或是找到了一个新的朋友或者伴侣，又或是期待假期或一场派对的到来。这些触发性想法毫无问题，最适合用来温暖自己、给自己加油充电："太好了，我们赢得了这个订单，这太棒了！""啊，我太期待周四了，因为我又能见到他了！""终于又能聚一聚了，放松庆祝一下！"

触发性想法也可能会引起对想法的一连串联想，由此导致严重忧虑。感受和知觉甚至经常会出现在触发性想法之前。认为一辆车要撞上我们的一秒前，我们就已经感受到了腹部的刺痛。或者在想到职场霸凌、解雇以及新工作之前，我们就已经紧张不安，就像卡洛琳每天早晨所感受的那样。

一些无害的事物也会引发一连串联想。比如野玫瑰的香味，它提醒我们还没修剪灌木丛，因为整枝剪还没有打磨，总是帮忙的邻居也搬走了（触发性想法）。我们想到，灌木丛已经太过茂密了，新邻居前几天说邻居之间应该相互帮忙打理花园，可能就是想提醒这一点。或许他已经因为我们没有修剪灌木丛而生气了？或许其他邻居也生气了？这可就糟了，如果我们还想在这儿住下去的话（担忧）。

一张使我们想起小学同学的面孔也会引发一连串联想。"她得癌症了"（触发性想法），"我要是也得了癌症怎么办？她一定跟她妈妈一样得了乳腺癌。遗传了这样的不利基因太可怕了。哮喘也能遗传吗？要是我的孩子也跟我的爸爸和我一样得了哮喘怎么办？要是我的孩子得了过敏症怎么办？要是我也过敏了怎么办？我们必须一辈子和过敏做斗争吗？"（担忧）。

触发性想法自行产生并引发一连串联想，但是否抓住触发性想法是由我们自己决定的。我们控制自己是否对其做出反应并提出更多的问题。引起焦虑的并不是触发性想法，也不是触发性想法的数量。但是，如果我们紧抓这种想法不放，总是在想法回路里不停地转圈，就会发展出不健康的模式。如果我们不断重复这种模式，直到其发展成为一种自动机制，让我们感觉自己好像完全失控了，它就会成为一种精神负担。

当一个人患上焦虑症时，这些不断挑衅的触发性想法就会变成所谓的灾难性想法。这些想法通常以"要是……该怎么办"作为开头。当人们屈从于这些想法，维持、回应、分析它们时，它们就会增加，直到把一个人压垮。后果就是紧张和绝望，即焦虑症状的初步迹象。当这些症状不可忍受的时候，人们就开始寻找削弱其力量的方法，采用对抗或者预防不安的策略。这样人们就会面临与这些想法陷入无休止斗争的风险。人们只沉浸在自己的感受和知觉中，无法感知到其他人和外部世界。这样做的唯一目的就是摆脱恐惧、不安和紧张。焦虑症就是从这种模式中产生的。

你有触发性想法吗

大部分人都认识这些让我们担忧的触发性想法。我们只要想想生活中所有的不顺:"我可能会生病,然后死去。""我可能会被抛弃并且离婚。""我可能会很快失去一个好朋友。如果我错过了公交车,那么她就必须在我们约好见面的咖啡馆前等半个小时。她会非常生气吗?上一次我就迟到了。或许我成了对方眼中永远不守约的人?我不是一个好朋友。如果她不想再见我了,我很快就会变成孤单一人。为什么我总是这么快就被困在所有事情里,永远不能保持放松呢?"

"我害怕错过公交车"这一触发性想法就能引起这样一连串联想和担忧。

触发性想法会涉及所有可能失败的、危险的、引起争吵的或者伤害自己和他人的事情。但是它和所有想法一样,都是暂时的。触发性想法是正常且无害的,只有人们开始频繁地纠结于灾难性想法,过度地沉浸其中,每天在这些想法上花费好几个小时,才可能发展为焦虑症,一直处于焦虑状态。

4 种不当策略

为了解释为什么这些策略被视为是不当的，我先简要介绍一下这一领域的相关研究。威尔斯用他的研究证明，我们用来试图摆脱焦虑恶性循环的策略会起反作用。我们越努力排斥焦虑，就会越关注它。我们越是担心，越去检查自己的情绪和状态、努力控制紧张和不安，患焦虑症的风险就越大。我们维持着焦虑的生命力，不断地滋养它。卡洛琳就是一个很好的例子。她用来应对身体感觉、感受和想法的策略只会制造更多焦虑。威尔斯和马修斯的结论也由此得到了证实。

这4种会导致认知注意综合征的不当策略是：

1. 担忧

2. 反刍和分析

3. 情况检查，监控精神、身体以及可能存在异常和危险的环境

4. 不当的应对方法

我把它们称为自愿注意策略。我特意使用"自愿"一词，因为这些策略是可控的，我们可以决定是否使用它们。我们当然不会将"自愿"理解为我们为了得焦虑症而有意地过度担忧。但是，当我们自愿决定使用某种策略来控制某种感受时，我们会坚信这一策略是有益的。

害怕在一群人面前讲话时，我们可以选择不同的策略：可以试图说服自己，这没有什么好害怕的，听众都很友善；可以先在一小群人面前讲话，然后逐步扩大范围，直到我们能够适应这一情境；可以请朋友和熟人让我们镇静下来，告诉我们"一切都会好起来的"；或者干脆回避这样的情况。这些策略尽管第一眼看上去有用、有说服力，至少是可用的，然而研究表明，它们可能会导致回旋镖效应。如果我们过度使用这些策略，我们就会一直纠结于引起焦虑的事物。这些想法由此获得很大的生存空间，以至于会进一步增强，最终引发更多焦虑。当我们每天花好几个小时去分析、抑制、检查感受或者回避某些场景时，我们就陷入了沉重想法的螺旋，这会加剧我们的症状——失眠、紧张、压力、恐惧、自我价值感降低，同时出现新的忧虑。当我们为自己担忧过多而担忧并产生失控感的时候，担忧会继续增殖。威尔斯将其视作一种特别的元认知信念，称为"对担忧的担忧"。

威尔斯和马修斯将这 4 种策略概括为 CAS。所有接受元认知治疗的患者都会接触到它。

什么是 CAS

威尔斯和马修斯在寻找精神疾病成因的研究中总结了 4 种不当的注意力策略，这是一些不良的习惯，会引起焦虑和焦虑症。他们将对这些策略的过度使用称为 CAS，即认知注意综合征。

CAS 涉及以下策略：

- 担忧
- 反刍
- 危险检查
- 用不当方法应对日常生活和特定场景

所有这些策略都会帮助我们适应生活，得到合理使用时它们是正常且无害的。但是过度使用这些策略可能会产生导致精神疾病（包括焦虑症）的思维模式。

临床上，我们甚至从中引申出了一个动词，即认知注意综合征化。

比如，我们会在以下情境中认知注意综合征化：

- 当我们为每一件小事担忧时
- 当我们推测、反刍、分析每一个充满忧虑的细微想法时
- 当我们对危险和不安保持极度警觉时
- 当我们试图回避特定场景，需要持续从外界获得安慰，试图压抑或通过酒精等方式麻痹紧张和不安时

我们也可能处在认知注意综合征状态之中。当我们把所有注意力用在对灾难性想法、潜在危险和威胁

以及所有让我们紧张不安的情况的分析和回避上时，我们就让想法完全掌控了我们的行为，并由此陷入认知注意综合征。

我们陷入忧虑想法的螺旋之中

下图展示了我们是如何陷入忧虑想法的螺旋中的，这会引起焦虑的恶性循环。

上面的彩色箭头说明，感受和症状只是突然出现的，不受我们的控制。它们会停留一段时间，但只要我们听之任之，它们就会消失。

然而，如果我们不允许想法、感受和症状自我调节，并且由于希望其迅速消失而去处理它们，我们就跳到了下方的灰色箭头上。

不加干扰便会自生自灭的想法、感受和焦虑症状：紧张不安、身体不适、呼吸困难、惊恐发作等。

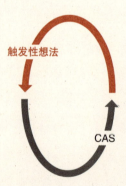

用来调节和控制想法、感受和焦虑症状的CAS策略：担忧、反刍、分析、危险检查（持续检查身体和精神），抑制，外部安慰和支持。

问题是，我们选择的策略（担忧、思索、情绪检查、回避特定场景、向外界寻求答案和安抚、抑制想法和感受）是会阻止心理自我调节，延长想法、感受和症状生命周期的 CAS 策略。这些方法可能在短时间内会使我们得到宁静和安全感，然而由于这些想法、感受和症状仍然存在，当我们认知注意综合征化时，我们又会回到起点并产生新的想法、感受和症状，因为我们已经在第一轮中深入地处理过旧的想法、感受和症状了。换句话说，我们处在一个恶性循环里。

接下来我会分别阐释这 4 种 CAS 策略，它们是所有形式的焦虑的诱因。

策略 1：担忧

对于焦虑症的产生来说，担忧是最具影响的 CAS 策略。我们越是担忧，助长焦虑从而引起焦虑症的风险就越大。"要是邻居总是在晚上大声外放音乐怎么办？要是我的丈夫离开我怎么办？我觉得我的同事都不喜欢我——在别人眼里我是个怪人吗？"

正如人各有异，我们所担忧的事也各不相同。但是所有担忧都有一个共同点：它们的作用都是制造一种控制和预见的错觉。如果我担心自身健康，我就会想象我对其采取行动的场景：我可以去看医生，他会减轻我对身患重病的担忧（或者证实我确实病了，但是这种情况幸好极其罕见）；或者我试图说服自己，这些症状与某种疾病没有联系。这两种方法都会在短时间内给予我掌控感。许多人担忧是为了领先一步，为生活中的挑战做好准备。

策略2：反刍

反刍的目的是分析困扰我们的问题。我们想要获得解决办法、答案和知识。当我们遇到挑战并必须认真思考时，我们会陷入沉思。比如我们会长时间散步，以便安静地认真思考；我们会坐在书桌前，用纸笔记下拆分的任务；我们甚至希望在睡梦中思考某个问题。这样大脑就可以在我们决定下一步要做的事之前整理信息并分析问题。大多数人从小就被教导要缜密思考："静下来好好想一想，你确定要用零花钱再买一个球吗？你不是一直想要一件球衣吗？"

像所有其他CAS策略一样，适度反刍是完全无害的。

但是反刍可能会起到反作用，因为它把我们全部的注意力转移到了问题之上。当我们没有意识到自己在反刍或者无法控制反刍的时候，它就占据了上风。过度反刍会使我们目光狭隘，只关注内心，从而导致负面想法和感受无法自我调节。

创伤后应激障碍患者在使用"填空"（gap-filling）这一心理过程填补记忆空白时进行大量思考。只有极少数人拥有完美的、照相般的记忆力。我们无法具体回想起自己在2015年9月12日下午做了什么，这对我们中的绝大多数人也不重要。然而对于创伤后应激障碍患者来说，回忆创伤经历的每一个细节是不可抗拒的。因此他们花费大量时间去回想这一经历前、中、后的每一分钟，以分钟为单位重现经历。这一策略的问题在于，患者把注意力都放在了过去，加剧了原本是暂时性的症状。这会阻碍人们把注意力投向外部世界，真正地去经历人生。强迫症患者身上也有与反刍类似的形式：他们强迫性地认为自己做过一些自己已经无法想起的可怕的事；他们非常不信任自己的记忆力，花费大量的时间强迫自己回忆并且重现之前的行为，以便能够回想起记忆空白中的事情。这一方法将注意力转移到潜在危险上，大幅降低了生活质量并加重了强迫症。

策略 3：危险检查

如果我们能够掌控感受并且将其活跃度保持在低水平上，第三种 CAS 策略就同样是自然的、无害的：关注自身、对环境的感知以及人际关系。

当情绪和状态检查以及我称之为危险检查的行为占据上风时，焦虑症状就会由此产生。几乎所有焦虑症患者都花费大量时间去监测自己的状态，他们对反常情况保持警惕，不停地提出充满担忧的问题。

有位社交恐惧症患者几乎一直只关注自己说话是否破音了，是否脸红了或者手心是否出汗了。他总是不停地问自己："要是有人发现我的声音很奇怪怎么办？"一位惊恐发作患者会持续关注自己的身体信号，以便在下一次惊恐发作前做好一切准备。还有广场恐惧症（害怕在开阔空间中独处）患者无法一个人出门。

当然，关注身体状况和环境、听从信号的指令是有意义的，但是一切要适度。当我们晚上走在陌生街区里漆黑的路上时，集中注意力四处观望是很有必要的。如果你是医生或者护士，集中注意力、保持警觉就是你的职责，以便你判断病人的状态如何以及病情是否严重。但如果你不断检查自己的身体感觉，想知道你和周围的人会不会得了与你的同事一样的病，CAS策略就会赢得控制权，进而引起焦虑和不安。

当我们持续关注身体或者环境中每一个微小的反常现象时，我们就不可能保持平和稳定的心理状态。因此，认识到自己可以控制这一策略对于我们的心理健康至关重要。我们可以采用它，也可以摒弃它。比如一个人在遛狗的时候扭伤了脚，感受到脚踝的疼痛，他就会担心："哦不，要是什么部位撕裂了怎么办？""这个冬天我还能去滑雪吗？"这时他面临多种可能性。他可以选择一个让他担忧的因素，然后设想所有导致痛苦的场景："肌腱撕裂还能进行手术吗？回家以后我最好立刻给医生打电话。去滑雪的钱还能退吗？我这辈子还能滑雪吗？"之后，担忧身受重伤的思绪一定会反复出现，他可能会反复考虑要不要去看医生。或者他可以干脆让这些想法飘过，然后继续往前走。只要他休息一段时间，脚伤很有可能就痊愈了，他也会很快忘了这件事。

还有一个例子：如果一个人在聚会时只想着"同桌的人看

起来很酷，没有兴趣和像我这样的人聊天"，这种焦虑的想法就会获得过多的空间和力量，让人忘记聚会的美好。如果一个人与其他关心聚会缘由、食物、音乐的客人攀谈，他就会活力满满地融入外界并享受生活。

根据我的经验，使用检查策略的主要是强迫症患者。所有强迫症患者都知道，强迫性想法是令人多么不适，多么让人感到失控。当人们特意去观察这些想法通常在什么时候出现、上一次出现是什么时候、其中是否有固定模式以及是否会对自己和他人造成损害时，只会因此产生新的、同样讨厌的想法。这一策略有回旋镖效应，会强化不安全感并造成持续焦虑的状态。

策略 4：不当应对方法

威尔斯将第四种助长焦虑的 CAS 策略称为不当应对方法，它同样具有回旋镖效应。只要我们能够控制，适度使用这一策略同样是完全正常、无害的。但如果我们过度使用这一策略并感到无法对其进行限制或控制，它就是不合适的，而且会引起新的焦虑和精神压力。以下是 8 种最常见的不当应对方法。

1. 压制、遮蔽或者驱散想法

几十年来，心理学家、心理治疗师和焦虑症患者都秉持着一个坚定的看法，即焦虑来自灾难性想法。因此我们试图通过忙于做别的事情来压制或者遮蔽这些想法，比如玩数独游戏、看电影、打理花园或者健身。然而这些注意力转移策略只能在短期内缓解焦虑，效果就像试图把一个球按到水里一样。只要你放开球，它就会浮回水面上；同理，只要你停止转移注意力，想法就会回来。许多人都会失眠，在夜间长时间地纠结于自己的想法。他们试图通过呼吸练习战胜大脑中的混乱，或者想点别的事情，又或者数羊。但是这些都只是有时效性的策略，只会让一个人在不悦想法和感受回来前暂时摆脱它们。

2. 将负面想法转变为现实的、富有关怀的或者平静的想法

当人们认为想法的内容会引起紧张和焦虑时，就会自然而然地试图改变想法的内容，以摆脱不适感。接受过认知疗法的患者都了解以现实校正想法这一方法，即通过对自己提出一系列问题来从灾难性想法中得到更加现实的想法。"可能发生的最糟糕的事是什么？""还可以从其他角度解读这一情况吗？""如果我最好的朋友对我说了他的灾难性想法，我该怎么回应他呢？"其他人则会通过在以关怀为核心的治疗中获得的观点来看待这些沉重的情绪："焦虑是很正常的事情。""你已经尽全力了，大脑这样运行并不是你的错。"这些主动的想法改造策略会延长处理这些想法的时间，最终只会导致新的想法、压力和焦虑。元认知治疗强调的是减少思考。因此，为了改变想法，人们不应该"做得更多"，而应该"做得更少"，不要管大脑中的想法，把能量用在生命中的其他事情上。

3. 通过冥想、正念练习或者放松练习来调节神经系统

焦虑是一种很强烈的感受，所有经历过的人都希望尽快走出这种状态。我的大多数患者说，他们尝试了所有可能的镇静技巧，在它们之间来回切换以找到最好的一种。他们尝试通过呼吸、正念和放松练习来调节和抑制神经系统。所有这些方法其实都十分有益，只是不适合焦虑症患者。他们的终极目标是摆脱焦虑，而当他们通过这些练习将注意力集中在焦虑上时，焦虑只会加剧。这些策略无法帮助他们治愈焦虑症。信赖你的神经系统：它百分之百有能力进行自我调节。

4. 酒精、药物和毒品

通过酒精、药物和毒品来麻痹想法和感受，这看起来可能很诱人。然而显而易见的是，这些策略是不当的。短期内这些策略可能会有缓解作用，但是毒素会在体内积累，宿醉后的疼痛、恶心也证明饮酒是不健康的。此外，药物和兴奋剂可能会让人上瘾，随之而来的就是脱瘾症状和新的负面想法与担忧，并由此产生在下一次增加剂量的冲动。如果你经常摄入药物、酒精或者毒品，请尽快向医生寻求帮助。

5. 寻求答案、认可或者安慰

肯定和支持会让人感觉良好并提升自信，这对所有人都适用。为了倾听别人的意见、获得别人的认可，我们向同事、朋友倾诉我们的焦虑，讲述我们的失败和成

功。这是很正常的事。但是当我们依赖于他人的赞美，以至于没有外界赞美就无法平静时，我们就误入歧途了。类似的情况还有在网上搜索问题和担忧的答案（比如强迫性地搜集关于某种疼痛的信息），这与之前所有的不当策略一样，也会引起不安和紧张。长时间的网络搜索会引起新的问题和想法。比如在浏览器中输入"胃痛"，我们就会得到大量对威胁生命的症状的描述，从而了解到自己之前从未考虑过的疾病。现在有太多的应用程序供我们检查睡眠质量、身体状况以及由此产生的情绪状态。如果我们一直在寻找答案、检查情绪和想法，我们就会被安全和可控的错觉迷惑。

为了控制焦虑，我们不应该使自己依赖于各种应用程序、网上搜索或者别人的意见。外部的认可或者对我们担忧的否定只能在短时间内减少焦虑，之后焦虑又会卷土重来。如果你有健康焦虑症，你就会理解这样的体验：心跳迟缓、手部麻木、胃部刺痛、皮肤发痒或者腿上起泡都会引起雪崩似的担忧，这些症状是不是暗示着严重的疾病？脑瘤，癌症或者硬化症？这些担忧驱使我们去看医生，希望在医生那里得到安慰，以此来战胜不安和焦虑。一家功能性障碍和心身疾病研究诊所在2010年发布的一项研究结果显示，大约20万丹麦人患有健康焦虑症，他们在就医上的花费比患身体疾病的人高出41%～78%。如果一个人害怕生病，医生的安慰就无法产生长期效果。身体是一个动态的有机体，很快就会对新的异样感觉发出预警。结果就是,担忧卷土重来,人们必须不断地重新寻找安慰。

6. 过度计划和安排

又一项会占用很大生活空间的策略是计划和安排。大多数人都使用日历,会把事情记录在便笺上,以便在飞逝的时光中保留记忆。但是,有些人每天花好几个小时来计划日常生活的细枝末节,列出极为精细的时间表来安排所有活动。这一策略不仅非常耗费时间,也阻碍了我们去做其他更好的事情,同时会助长压力症状和紧张不安。我曾经遇到过一个病人,她在不工作或者从事休闲活动的时候就会出现焦虑症状。没有计划的周末是最糟糕的周末。为了预防这种焦虑,她用额外的活动填满了日历上的空白。但是这一策略没有奏效,她的精神压力越来越大,最后导致惊恐发作。这时她才决定接受治疗。

详尽的计划是一把双刃剑,这对她来说是全新的认识。安排妥当使她平静,让她有统揽全局的感受,但这同时也夺去了她的生活质量,因为越来越详尽的计划成了保证生活质量的前提。我的另一位病人则花很长时间打理她的任务列表和日历,以弥补记忆力和注意力的不足。这是典型的焦虑和压力症状。详细计划的问题在于,这使她的注意力完全转向内心,专注于她的安排、时间和症状。如此一来她就失去了和生活的联系以及人际关系。此外,因为缺少对外界的关注,她的记忆力也受到了损害,比如在完成工作任务的时候。她用安排和计划来弥补越来越差的记忆力,因为她过多地担忧并且在计划上投入太多了。她损害了对自身记忆力的信任,在自己的信念中不断强调:之所以需要详细计划,是因为记忆力太差。和所有其他不当策略一样,这一策略的有效期非常短,甚至从长期来看是有害的。

7. 强迫行为

不当方法的一种特殊形式是强迫行为。如果一个人患上了强迫症,这种行为对其来说就尤为明显。其中包括精神仪式、强迫计数、强迫清洗和其他必须持续检查特定事物的行为。强迫症患者通常认为,只有恢复平静的时候,自己才能停止清洗、计数和检查。平静是唯一的停止信号。强迫行为的目标并不是使自己变得干净或者找到答案,而是使感受平静下来。所有的强迫行为都以摆脱不适想法和感受为目的。然而其时效也是很短的。因为想法和感受很快又会回来,这时就必须重复强迫行为,以安抚神经系统,获得安全感和平静。这可能是一个非常耗时的过程,它不会减少压力,反而会助长焦虑和强迫性,严重降低生活质量。

8. 回避引发不适想法和感受的场景

回避行为是最常被使用的策略。如果一个人感到害怕并坚信狭小空间、乘坐火车或者汽车、空旷的广场、与陌生人共处或者运动会引起不适感和身体症状,他就会选择绕远路以避开这些场景和恐惧。当这种回避行为占据日常生活的中心位置并降低生活质量时,问题就会出现。

我的一位熟人患有严重的飞行恐惧症，以至于不得不乘坐大巴车去西班牙的马拉加参加女儿的婚礼。这样他就错过了与其他同行客人的共同经历，因为对于他们来说婚礼从机场就已经开始了。如果他能摆脱恐惧，这将给他带来多大的欢乐啊。如果一个人回避引起令人焦虑的触发性想法的事物，就会破坏自己可以控制反刍的信念。此外，"焦虑是危险的，必须不惜一切代价避免焦虑"这一想法也会不断重复出现。

不当应对策略会降低你的生活质量

所有人，即使是那些没有经历过焦虑症发作的人，也会或多或少使用这8种策略。在特定的生命阶段中，一些策略比其他策略更具影响力。一个人不想在离婚不久后的聚会上遇到前妻，因此拒绝参加聚会，这是可以理解的，也是正常的。一个人在非常忙碌的人生阶段里制订了非常细致的时间表和待办事项清单，并严格执行计划，这同样是正常的。但是，在日常生活中使用这些为特殊情况所设的应对策略并对其产生依赖，就会成为一个问题。当CAS策略变得无法控制并每天偷走我们的大量时间时，它们就会降低我们的生活质量并可能导致焦虑症。

米莉的故事就是一个很好的例子。米莉觉得她的肚子太胖了，而且认为自己在别人面前废话太多。她每天都花几个小时去考虑她因公或因私受邀参加的活动或约会。"要是我表现得不够机智怎么办？要是别人觉得我看起来很蠢怎么办？"这些想法在活动前、活动中和活动后不停地盘旋在她脑海中。她的担忧引起了强烈的紧张不安和新的问题："要是他们看出我很不舒服怎么办？"直到米莉开始接受元认知治疗并学会了抑制担忧、摆脱灾难性想法的方法，她才克服了社交恐惧症。她学会了与他人交往，把注意力集中在交流上。她明白了，她的担忧曾让她缺席生活，夺去了社交和生活的快乐。

在接下来的几章中，我会举例介绍元认知治疗的过程，指出它所带来的变化。

从触发性想法到焦虑症

对于大多数人来说，身体症状和触发性想法是同时出现的。一想到刚刚可能会被卡车撞倒或者回忆起自己曾经患过重病，我们就会感到不适。

下一页的插图显示，焦虑不是由触发性想法或身体症状引发的，因此无须为了避免焦虑而纠结于它们。要注意的是，图上并没有直接将内在诱因（想法、感受、症状）或外在诱因（经历或者情境）连接到焦虑症诊断结果的箭头。只有通过担忧、分析、强迫行为、检查、回避行为等方式（也就是CAS策略）处理触发性想法，才会产生焦虑症。

创伤、强迫性想法、强烈的感受和身体异样感并不会立刻发展成焦虑症。只有当人们纠结于此并用CAS策略（担忧、反刍、危险检查、不当应对方法）做出过度处理时，才会面临患上焦虑症的风险。下图是根据威尔斯的AMC模型制作的。

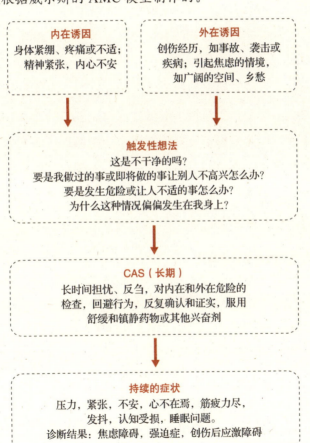

认识你的触发性想法

这一章是从触发性想法开始的,我想再多谈谈这一点。触发性想法是在严峻情况下最早出现的想法,但它们不是焦虑的成因。焦虑发展为焦虑症的前提是过度使用 CAS 策略。因此,认识触发性想法是元认知治疗的一个重要部分。

我与焦虑症患者最初的谈话主要涉及他们的触发性想法和应对方式。

患者十分清楚自己的触发性想法是什么。尽管如此,我们还是尝试明确地找到最近引发触发性想法的具体事件、感受或者身体感觉。人们总是反复被同一个话题触动,越来越容易产生灾难性想法——它们是焦虑的先兆。人们在几秒钟内就会感受到,特定的事件、感受或者图像再次引起了熟悉的症状:身体不适、担忧和恐惧。

▶ **我们在实践中是这样做的**

是什么触发了你

首先,我们尝试理解焦虑的成因并找出触发因素。
提问:是什么触发了你?

- 大多数患者观察力很好,知道是什么触发了他们。但是区分想法、感受和印象对他们来说往往有点困难。因此,我们要一步步地接近触发性想法。我请患者回忆最近的焦虑经历并以慢镜头的方式讲述这一经历,避免错过细节。
- 患者当时的第一个想法是什么？这就是触发性想法。
- 然后，我们交流了触发性想法的持续时间。想法只是一瞬间的事，只有通过我们的担忧和所使用的策略才会获得更长久的生命力。正因如此，我们才会面临患上焦虑症的风险。

最常见的触发性想法是那些隐含着焦虑症形式的灾难性想法或假设情况。健康焦虑症患者很担心自己生病，身体有任何异样都会引起他们对严重疾病的极度焦虑。社交恐惧症患者害怕被他人严肃打量，担心自己看起来很另类、奇怪或者在社交中不受欢迎。广场恐惧症患者害怕独自待在开阔的空间中。惊恐障碍患者会突发焦虑，产生对焦虑的焦虑。在这些形式的焦虑症中，人们焦虑的对象是那些触发焦虑的特定场景。

然而，广泛性焦虑症患者会持续受到担忧和恐惧的折磨，这些担忧和恐惧涉及许多生活领域并涵盖各种灾难性的假设情况。比如害怕遭受恐怖袭击，因而时刻关注报纸上的任何相关的细微信息；或是害怕被遗弃、被欺骗、经历一段无疾而终的感情，因而对所有情绪波动和他人行为的变化都极其敏感；又或是害怕财务危机，因而在购物和日常消耗上非常注重节俭，时刻观察个人账户余额，并想象如果没有钱了会发生的所有事情。其他灾难性想法则围绕着交通事故、飞机失事或未来的总体情况。

对广泛性焦虑症患者来说，他们关注的话题往往是极具意义的。他们可能会担忧供养家庭、气候变化或地球存续的问题。或者他们担心无法享受公共养老服务，这触发了他们对于变老、生病和孤独的恐惧。这些剧烈的忧虑迫使他们关注社会上的所有变化，以便有所准备。此外，他们还担忧自己太过担忧。对于焦虑的焦虑造成了他们的双重担忧。

一种常见的触发性想法是嫉妒和对于被遗弃的恐惧。也许你也有过这样的想法，并怀疑过你的伴侣对你是否忠诚："他说他没再和那个人见面了，这是真的吗？要是他撒谎了怎么办？"

大多数人无论是不是焦虑症患者，都有过这些转瞬即逝的不信赖另一半的触发性想法。但是，如果一个人每天花费好几个小时幻想各种场景，寻求答案和反复确认，为了减少自身的焦虑而监控伴侣，检查对方的手机或网络动态，他就会陷入无益的CAS策略。当人们把时间花费在检查、担忧、反刍和分析上时，就会助长嫉妒、不安和对被抛弃的恐惧。

现实的触发性想法也会引起认知注意综合征，然后引发焦虑

很多患者讲述的另一种难以克服的触发性想法是围绕现实

问题展开的。你的另一半确实欺骗了你。或者现在你桌子上有太多任务要完成。职场氛围确实很差，你的上司对你的工作量一无所知。或者你就是缺钱，必须想方设法自力更生。你可能确实很孤独或患了重病。但即使你的担忧来自现实问题，你也不会在反刍中获得更多能量或减轻自身压力。担忧现实问题和担忧不那么现实的问题都会引起焦虑。

我经常遇到的情况是，会对现实问题产生触发性想法的主要是患有致命疾病的人。比如卡伦，她在第三次化疗后得知，她癌症复发的可能性很高。她恐惧死亡，也担忧孩子孤苦伶仃，这些想法日夜折磨着她。一段时间后，她患上了焦虑症。

丹尼斯的情况也是一样。他被确诊患上糖尿病后，通常会花很多时间测血糖，担心自己的饮食状况，还担心自己会失明。

幸好不是所有的癌症或者糖尿病患者都会患上焦虑症。卡伦和丹尼斯以及所有焦虑症患者必须首先学会减少思考。他们必须学会在触发性想法出现时激活CAS的反面状态。CAS的反面状态是一种通过分离注意而达到的注意力分离状态。我们会在下一章进一步探讨这一点。

触发性想法出现时，你会怎么做

我们每天都会产生情绪化的触发性想法。如果我们不去理会，它们就会消失。因此最好的策略是从本质上看待触发性想法，无论它们有多令人恐惧和不安：它们只是想法。如果我们太过执着于这些想法，就会产生焦虑症状。我们赋予它们特殊的意义，并且用一系列策略（CAS策略）处理它们，目的是缓和内心的不安。但是，我们越是为了消除这些想法和感受而与其斗争，就越深陷其中，它们也就变得更加强大。

下一页的插图显示，在灾难性想法出现并引起特定感受时，我们完全可以选择自己的应对方式。我们该如何应对？使用哪些策略？

在白天，我们最好不去理会这些想法和感受，将注意力完全集中在所处的情境中——可以是正在看的电影，可以是共处的朋友，也可以是必须完成的一项工作任务。

在晚上，我们最好不要再考虑看过的电影或是和丈夫在晚餐时的交谈，因为这段时间只用于放松。最好是在分离注意的状态中被动地应对想法。这并不意味着一定要大脑空空或者毫无知觉。这更多的是一种耐心的状态，让我们的心理有足够时间进行自我调节。在注意力分离时，我们只需要花费少量的力气和能量去应对想法、感受和身体感觉，从而更有可能放松自我、拥有健康睡眠。

你如何应对触发性的想法和感受

触发性想法
我要是焦虑发作怎么办?
我要是睡不着怎么办?

CAS策略
你是否十分担忧,压抑你的想法,用别的活动分散注意力,通过强迫性想法、行为回避和搁置你的想法和感受?
目的:削弱、消除、控制想法、感受和症状;寻找解决方案。

被动应对思想流的策略(分离注意)
你更加被动地应对想法和感受并允许其自我调节吗?
目的:让思想平静而采取被动态度(晚上的有效策略)。

被动应对思想流(分离注意)并主动参与外部世界的策略
你会有意识地参与集体活动,例如读书或看电影吗?
目的:享受活动,完成任务,让自己感受良好(白天的有效策略)。

▶ **我们在实践中是这样做的**

对触发性想法的反应

当人们意识到什么样的触发性想法会引起其他想法和感受时,就可以更仔细地观察自己是如何应对它们的。应对的方式有很多种,但是所有方式都包含4种不当策略的要素。威尔斯将这些策略(担忧、反刍、危险检查和不当应对方法)概括为 CAS 策略。

我问患者:"触发性想法出现时你要怎么应对?"

一些人觉得这个问题很难回答,因为使用这些策略是近乎自动化的无意识习惯。因此我又提了一个开放性更小的问题:你会不去干扰这些想法吗？这对他们来说更容易回答，因为我的焦虑症患者从来不会不去理会这些想法，他们总会做点什么。

当我们发现并认清他们是如何采取行动时，我们就可以更深入地探究以下问题。

1. 当情绪化的触发性想法出现时，你会使用什么策略？我就以下 CAS 策略询问他们：你会担忧吗？会将想法搁置一边吗？会替换成更加现实的想法吗？会搜索潜在危险吗？你会做呼吸练习吗？

2. 下一步是说出应对触发性想法的时间长度。仅仅是在等公交车的几分钟里吗？

3. 接下来就是比较产生和应对触发性想法哪一个时间更长。这是治疗的重要步骤，用于理解问题的核心。引发焦虑的仅仅是触发性想法，还是你所运用的 CAS 策略？在绝大多数治疗中，对于这一问题的讨论反复出现。对此存在合理的解释：习惯的力量是巨大的。焦虑症治疗的传统观点认为，我们的想法是引起焦虑症的原因，因此我们必须处理这些想法。元认知治疗则反其道而行之，认为触发性想法只会引起短暂的不适，而不是焦虑。焦虑只有在过度使用 CAS 策略时才会产生。改变如此根深蒂固的信念、接受新的理论，这需要时间和经验。

❖ **玛丽亚的案例："我曾经强烈地需要回应我的想法，以便控制它们。"**

玛丽亚，29 岁，大学生，已婚，有一个孩子

我的第一次焦虑发作非常可怕。我能感受到身体里的血液

快速循环，我超级紧张，完全不知所措。一年半以前我的母亲去世了。从那时起我就预感到会有糟糕的事情发生。我自己也成了母亲，这样的想法一直在我的脑海中盘旋："我要是再失去我的儿子怎么办？我要是现在死了怎么办？"

我很清楚，我的压力过大、负担过重。我去看了医生，他给我开了药。我是问题导向型的人，当然知道这些药并不会解决我的问题，只能是一种缓冲，让我平静下来，继续生活下去。我也接受了治疗，一种认知行为治疗，起先这对我帮助非常大，因为我有了一个可以与人平静交流的空间。我的诊断结果是焦虑症，我被告知，虽然随着时间的推移我会慢慢好转，但是我必须学会应对这些症状。

我第二次焦虑发作时的感受很不真实，我开始思考自己是否已经疯了。是我的精神错乱导致了我的胡思乱想，还是恰恰相反？这是我唯一一次精神出现错乱，但是我强烈地希望认真对待所有想法并做出反应，以控制住它们。

我在网上搜索精神错乱，花几个小时阅读资料、自我分析。我想要确认自己并没有这些症状。因此，我尝试搜索了所有可能的关键词组合，"精神错乱的症状""思考会使人精神错乱吗""为什么人会精神错乱""焦虑会让人精神错乱吗""治愈焦虑""精神错乱后康复"以及"焦虑后康复"。

我在搜索过程中偶然接触到了元认知治疗。网页上写道，如果一个人思考太多，焦虑就会滋长，这让我内心起了波澜。

我就这样坐在电脑前几个小时，边阅读资料边分析——要是这就是我无法恢复健康的原因该怎么办？但是完全不去关注想法不是太危险了吗？这样做会发生什么？我会失控的。这岂不是会让我真正疯了？

我报名参加了一项团体治疗，共 4 次治疗，每次 3 小时。一开始我并没有理解减少思考这一要义。在认知行为治疗中，我和治疗师都非常关注我的想法，而现在我应该做恰好相反的事。在团体治疗中，治疗师将想法称为"大脑放的屁"，会完全不受控制地冒出来，但只要我们不予理睬，它就会"散去味道"。这听起来太草率了。极度认真对待所有想法的习惯已经深深地刻在我的身体里了，而现在我应该认识到想法在本质上是暂时的，它们只会停留几秒钟，如果人们不予注意就会消失。这对我来说是很困难的，因为我深信为了避免精神错乱，我必须时刻关注自己的想法。

我们进行了一系列练习，这完全颠覆了我的理解。比如，我们把触发性想法写在窗户上，然后让注意力在窗户上的字与窗外的景象之间来回跳转；在另一个结伴练习中，我们围绕喜欢的话题聊天，不去考虑触发性想法。这些练习对我帮助非常大，让我明白了如何将注意力集中在具体的事物上。

当那些熟悉的想法再次出现时，我会在家继续练习："你好啊，想法，你又回来了。我现在在拖地，你得等一会儿。"

推迟回应想法对我来说是不可思议的神奇体验。随着时间推移，我发现我越不关注或执着于我的想法，我就越能从生活中获得更多的体验。治疗师说，如果在半个小时内无法找到解决办法，就应该对问题和担忧听之任之，再在上面花几个小时也无济于事。这让我认清了事实。当我减少上网搜索答案和解释时，我的状态越来越好了。现在我会这样做，深呼吸，看一眼时间，然后告诉自己："好了，玛丽亚，你很紧张并且担心精神错乱，但是继续做你现在做的事吧，想法会消失的。"

我也明白了我难以区分感受和身体症状。当我很累、状态不好时，我就会立刻将其看作焦虑的症状。我完全忘记了，人在没有焦虑时也会感受到疲倦和不适。在治疗中我还学会了更好地感受自己，把自己从想法的桎梏中解放出来。

我现在已经痊愈了，不再有焦虑发作了。元认知治疗并没有消除我的想法，它们还是会一如既往地出现。"如果我患上的不仅仅是焦虑症怎么办？要是医生弄错了，其实我还是会精神错乱该怎么办？"但随后我会尝试将这些想法看作"大脑放的屁"。我不再纠结于想法，也不再像之前那样心跳加速了。我学会了如何应对我的想法，能够让我的大脑安静下来。这对我来说非常重要。我不断练习忽视这些想法，聚焦于我的生活。这是我的目标。

我在元认知治疗中学到了什么

引发玛丽亚焦虑症状的旧策略	玛丽亚用来克服焦虑症状的新策略
思考方式 我有灾难性想法并害怕精神错乱。我在这些想法和感受上耗费极大精力，是为了对一切可能发生的事情做好准备。	**思考方式** 直到今天我还是有沉重、不适的想法和感受。但是当这些想法出现时，我不会直接做出反应，而是决定在必要时再去处理它们。我把它们看作传送带上的寿司，允许它们从我面前经过。
行为 为了让自己平静下来，我总是在睡觉，或是在网上搜索关于"精神错乱"和"避免精神错乱"的内容。我还花费很多时间把负面的想法变为积极想法。	**行为** 我把反刍和担忧都推迟到了我设定的"反刍时间"。我做我感兴趣的事，也做我不感兴趣的事。即使兴致不高，我也能够行动起来。
关注点 一直以来我只关注患上精神错乱的潜在风险。	**关注点** 我的注意力现在集中在我身处的环境、我想要的生活上。即使对精神错乱的焦虑出现，我还是继续做我正在做的事。我知道如果我不去理会这些想法和感受，它们就可以自我调节。

关于想法我学到了什么

我明白了想法和感受在本质上是暂时的。我也知道了我可以控制和转移我的注意力。

03
第 3 章

分离注意
学会放开想法和感受

你还记得你上一次被蚊子叮吗？蚊子用它的口器刺透了你的皮肤，留下了一个隆起且发痒的红色小包。你刚躺下准备睡觉，就发觉身上实在是太痒了。你无法入睡，因为你的注意力都集中在了这个蚊子包上。你去挠它，可这只能在短时间内缓解瘙痒，不一会儿就又开始痒起来。如此反复，你越来越抓狂烦躁。"要是睡不着的话，明天怎么应对繁重的工作？"几个小时后，皮肤被你抓出了血。

我在治疗中很喜欢用这个被蚊子叮的例子来比喻触发性想法。我们都熟悉这种被瘙痒、疼痛以及烦躁所支配，以至于无法在其他事情上集中注意力的感受。当然，瘙痒和焦虑是绝对不可相提并论的两种状态。我举这个例子，只是为了引出分离注意这一概念，向患者阐释相关方法。分离注意意味着不再聚焦于想法、感受和身体感觉。人们不必为了彻底处理或消除它们而与之斗争，只需要学会不去理会它们。分离注意就是与CAS策略完全相反的措施。

当患者在治疗中学会识别触发性想法并认识到不应该使用CAS策略之后，我就会向他们展示下一步该怎么做，这是元认知治疗中的核心步骤：将注意力从想法、感受和症状中分离出来并转变为被动的观察，不让它们控制自己的行为和生活。我们在治疗中会以不同的形式练习分离注意。

在这一状态中，我们被动地观察自己的精神状态。我们不采取行动，不对想法、记忆和感受做任何回应。这一状态的重点不在于"清空大脑",把想法驱逐到角落里,赶得远远的,封锁、否认或者改变它们。重点在于,让它们"干脆如此"。因为这是让想法自我调节的最佳前提。我把"干脆如此"加了双引号,因为我知道,在想法出现时不立刻对其做点什么,这对于许多人来说一开始很难,因为一个想法会引发一系列感受和身体症状,这会强化做出回应的迫切感。

如果分离了注意力,人们就可以观察自己的思想流,而不想去控制它。想法可以来去自如。大多数人在一天中都会无意识地多次激活这一状态,比如在入睡前。我们在一些相对无关紧要的想法面前也会保持这一状态。当我们忙于其他事情的时候,这一状态也会自动产生。我们在看报纸的时候突然出现了这样一些想法:"我晚餐要做点什么?""周六的聚会什么时候开始?"或者"要是健身房周五早关门的话,我也许可以在上班前去跑步机上锻炼半个小时。"此时,我们往往会飞速并且下意识地做出决定:要么跟着想法继续想下去,然后开始准备晚饭;要么让这些想法飘过,继续把注意力集中在感兴趣的文章上。

大多数人都熟悉与积极想法和感受有关的分离注意状态。这比在消极想法出现时更容易实现。

在元认知治疗中,患者学会了如何在消极触发性想法出现时也去激活这一状态,以便让想法自我调节。举几个例子:"哦不,希望这辆警车并不意味着我家附近发生了恐怖袭击!""我这个人太无聊了,要是同事们都不喜欢我怎么办?""其他人怎么总是这么奇怪地看着我?"或者"他总是很暴躁,看起来心不在焉,是不是认识别的女生了?"

分离注意确实是应对不适想法和焦虑感受的可行办法,不需要投入精力也不需要担忧,许多患者对此表示非常惊讶。允许这些想法和感受存在对他们来说也同样难以理解,因为许多患者把灾难性想法本身看作真正的问题。大多数患者之前都接受过治疗,在治疗中学会了通过平静、压制或者改变想法来控制想法本身、调节神经系统。就引入分离注意这一方法来说,元认知治疗表现出了完全的颠覆性。

我很喜欢将不当的CAS策略以及它的对立面——分离注意比喻成听到电话铃响后的行为反应。触发性想法就像无法避免的来电铃声。有的日子里电话响得比平时更频繁。我们无法控制铃声响起的频率,而且在特殊情况下,我们也无法拔掉电话线。相反,我们能控制的是我们的反应、我们是否去接电话。我问患者,他们是否有过让电话一直响着而不去接的时候,所有人都回答:"当然了,我在忙别的事的时候不会去接电话。""当我不认识这个号码的时候。""当我不想说话的时候。"

我们完全可以用同样的方法去应对我们的想法。我们是可以做选择的:我们想"回答"和处理想法与感受,还是不去理会它们?

如果我们一直有不想接的来电并且希望让其停下来,那么最好的策略就是忽视它们，这样电话另一头的人就会在得不到回应的情况下失去一直打电话的兴趣。这对触发性想法也同样适用。如果一刻不停地应答它们，它们就不会减少，而是会无休止地增加。

我的患者都可以让电话一直响而不去理会，却很少有人可以不受灾难性想法的干扰。到底应该如何应对这些想法？如何应对焦虑？

我从一些研究和我早年治疗数百名患者的经验中得知，我们必须像学会"让电话铃一直响"一样学会分离注意。虽然在大多数时间里我们与想法都是分离的，然而我们并没有意识到这一点。比如我就不可能注意到自己在下班回家路上产生的所有想法，一些想法可能会留下来，但是大多数想法我没有继续深思，它们来了又去。睡觉时注意力也是分离的。当我告诉患者这一点时，他们反驳了我。他们无法入睡，因为触发性想法让他们保持清醒——对于所有人来说都是这样的。但是人们并不需要放空大脑才能入睡。只要学会了分离注意，脑子里装满触发性想法也可以很好地入睡。

▶ **我们在实践中是这样做的**

分离注意

接下来这一步骤的目的是认识到我们可以从想法和感受上分离自己的注意力。对于一些人来说，这似乎完全不可能。但是我深信，我们可以不去打扰我们的想法、感受和身体感觉，不必为此做些什么。

总的来说，就是要降低活跃度。许多人觉得，只要想法停留在脑海里，就要每天处理它们。我问我的患者，他们是否真的认为我们每天可以处理多达 7 万个想法，他们都会心地笑了。因为很显然我们做不到这一点。没有人会受得了这么做，此外，这个世界上没有人会每天产生 7 万个有趣或重要的想法。

那么，我们是如何处理那些未被深究的想法的呢？我将这些从我们脑海里自在飘过的想法称为"瞬时无谓想法"。人们通常完全不会深究这一类想法，比如《X元素》这个节目在波兰有没有""这棵栗子树的树叶是不是比昨天更绿了""我昨天是不是落了三四个袋子在车里"。大多数情况下，积极或中性的想法都会自在飘过。我们为孩子第一次走路而喜悦，但是不会持续很长时间。我们会因为看到一件趣事而大笑起来，但是不会因为这一趣事产生无休止的想法。相反，让负面想法和感受就这样消失要难得多。

因此，在治疗中学会这一点是很重要的：放任那些加载着负面情绪的触发性想法飘过。单单是设想不去理会它们就是一个挑战，因为人们害怕不进一步处理它们就会让情况失控。

我们首先用中性想法来尝试一下。比如关于老虎的想法。让我们首先想象一只老虎并将其形象化。然后我们被动地观察想法，不去主动干涉想法。无论这只老虎静止、运动还是消失都无所谓——我们被动地观察它。对于那些引起焦虑的想法，我们也应该这样去做。接下来的问题是："你会与引起焦虑的想法抗争，还是像观察关于老虎的想法一样去观察它们？"几乎所有人都意识到，他们总是选择抗争。我们需要消耗巨大的能量去克服焦虑和不适感。

然而，当我们不停与想法和感受做斗争时，它们如何进行自我调节呢？这是不可能的。

我们能够像应对关于老虎的想法一样去应对触发性想法，这一认识让我们松了一口气，并且很有用。这一练习表明我们是有选择权的，即使心中仍有芥蒂，我们依然可以让这些想法飘过。芥蒂会随着焦虑一起消失，所有其他的感受也是一样的。

在另一个练习——所谓的联想练习里，我们同时处理多个想法。

在练习中，我们要记录下对被大声读出的词的反应或者联想，然后被动地观察出现的想法。

这些词都是随机选取的，并不是所有词都与引起焦虑的话题有关。比如我说"蓝精灵"，眼前立刻就会浮现出蓝色小人。或者我依次说出一系列词：菠萝、阳光、生日、巧克力蛋糕。会发生什么？大多数人说，伴随着每一个词都会出现一个图像。也就是说，他们独立地看待每一个词。当我询问他们被动观察是否轻松的时候，大多数人都表示肯定。他们感到轻松，因为每一个画面只停留片刻，就轮到下一个词了。重要的是，患者体验到了所有词语都已给出后仍可以保持被动状态的感受。

许多患者在面对中性想法时容易保持被动，因为这些想法不会引发负面感受。因此我把中性的词换成了一些会引发一些感受的触发词：癌症、死亡、疾病、不确定的未来。我再次要求他们保持被动——即使下面这一系列词语会引起强烈的感受甚至症状：圣诞树、马略卡岛㊀、癌症、小沙人㊁、阳

㊀ 位于西班牙，是闻名欧洲的度假胜地。——译者注
㊁ 以欧洲民间传说人物沙人为原型的德国动画片主人公，会将附有魔法的沙子吹进临睡孩子的眼中，助其好梦。——译者注

光、未来、疾病。

在元认知治疗初期就保持被动观察的状态是很难的。因为这些触发词刚被念出来，焦虑和不适就会立刻出现，引起很大的反应："我要是生病了怎么办？虽然医生说我没有癌症，但是他们要是搞错了怎么办？"接受治疗的时间越长，保持被动观察就越容易。下面这个练习展示了如何分离注意，不论你的想法是什么。

▶ **自我测试**

粉红大象

处理想法和不处理想法的区别在哪儿？

将计时器调至20秒，然后开始计时，强迫自己不去想粉红大象。20秒时间到，计时器响起。

感觉怎么样？很费劲还是很轻松？

将计时器重新调至20秒，然后开始计时，让所有想法自由来往，也包括关于粉红大象的想法。你只要观察你的想法，不需要去做什么。

这次感受怎么样？和第一次练习一样困难吗？

分离注意不是分散注意力

并不是所有人都可以看出分离注意和分散注意力的区别。其实很简单，只需用一个简单的问题加以辨别：所有这些活动的目标是什么？如果是压抑、驱逐、疏远想法或是将其变为更令人舒适的想法，那这些活动就是分散注意力的手段。想法就好比被压到水下的球：一旦松手又会浮上来。这是西西弗斯的苦役[一]，消耗大量能量并维持了焦虑。然而，如果目标是创造最好的条件让心理自我调节，让想法飘过，从而减少能量消耗，将能量用于生命中更有意义的事情——拜访最好的朋友，从事兴趣爱好，或者享受和孩子在一起的时光，这种手段就是分离注意。

触发性想法和感受不应该被从意识中清除出去。生活不是非黑即白，而是多种多样的。一个人可以既烦躁又高兴，既紧张又平静。当人们做饭、看电视节目、一边遛狗一边打量周围环境的时候，想法可以在大脑后台飞速运转。触发性想法就像背景音乐。想象一下，人们在美好的氛围中庆祝家庭节日，周围播放着背景音乐，大人们在交谈着、放松地笑着，孩子们在玩耍。现场同时发出很多种声音，每一种都有自己的活力、自己的音高。我们无法协调和控制所有的声音，但是我们可以决定关注哪种声音。如果我们整晚关注邻桌男士大声讲话的声音（触发性想法），这一晚就注定不会愉快，我们的记忆中只会留下那位聒噪的男士。相反，如果我们关注坐在旁边的友善女士或者坐在对面的幽默风趣的男士，这个节日庆祝就会非常成功，留下的记忆也是美好的——尽管那位男士的喧哗声并没有消失。想要在平息焦虑的同时全身心投入另外一件事是行不通

[一] 西西弗斯是希腊神话中的人物，他触犯了众神，作为惩罚，他被要求把一块巨石推上山顶，而巨石每每接近山顶就会滚下山去。——译者注

的。当一个人把注意力都集中在聚会中的愉快交谈上时，他就无法兼顾自己的焦虑了。社交恐惧症患者很清楚这个问题。当我问他们一场聚会最美好的回忆是什么时，他们很少回答是愉快的交谈或是遇到有趣的新朋友，却回忆起他们结巴、脸红、说错话的次数。社交恐惧症患者过于关注自己的恐惧，以至于无法体验到轻松愉悦的美好事物。

▶ 自我测试

观察你的思想流

你既可以在家里的沙发上也可以在公交车或地铁上做这项练习，一个人或和他人一起都可以。重要的是，要被动地观察在头脑里出现的想法。

你的头脑中或许只会出现中性想法。回忆或者熟悉的感受可能会浮现。又或许你的感受很空洞，思想流中出现了缺口。我们的目的是让想法自由流动。不要抓住一些画面不放，也不要试图操控它们。它们应当被允许自行出现和消失——这样你就学会了分离注意。

如果担忧让我们焦虑，为什么不干脆停止担忧

每天都有患者问我："我现在知道了应该分离注意，不去使用担忧、检查、探究、反刍和回避这些策略。但是为什么我做不到？为什么我就是振作不起来？这听起来明明那么简单，

放弃斗争，什么都不做。"

我完全理解他们的问题以及问题背后的困惑。答案很简单：重点不是仅仅在于振作起来。如果我们一直没有尝试或真正相信自己可以让想法飘过而不必改变它们，那我们从未产生过勉力一试的念头也是可以理解的。

丢掉 CAS 策略并不容易的原因在于我们的控制系统。它决定了为什么一些人花费大量时间与想法做斗争，而另一些人却可以很快摆脱担忧。我在第 1 章中提到的元认知信念就存在于我们的控制系统中。这些元认知信念包含了每个人对于自身想法和思考过程的看法。我们如何看待我们的想法？我们如何看待自己对情绪化想法的应对方法？

研究表明，几乎所有焦虑症患者都有 3 种共同的信念，这 3 种信念可以解释他们为什么在利用 CAS 策略处理想法上花费过多时间。如果你被确诊患上了焦虑症，那你很可能就有以下 3 种元认知信念中的一种或多种。

1. "我不相信自我控制。" —— 我不相信我可以控制担忧、自我分析以及所有我用来减少焦虑的策略，担忧总是在控制我。

2. "我害怕我的想法和感受。" —— 我相信我的担忧、强烈的想法和感受会危及生命，因此我很害怕它们。

3. "担忧、分析、探究都对我有帮助。" —— 我相信探究、检查、担忧、分析、计划以及对使我恐惧的潜在危险保持警惕是有意义的,这会让我获得控制感。我的想法对我来说非常有用。

这些信念是根深蒂固的、强大的,让我的一些患者在治疗初期认为自己无法改变它们。这些信念让人们自动地运用不当策略——过度担忧、反刍、危险检查、回避和反复确认。因此,为了能够分离注意、摆脱焦虑,改变以上3种元认知信念是至关重要的。如果不改变这些元认知信念,我们就无法摆脱CAS策略,也无法摆脱焦虑症状。

元认知信念1:"我不相信自我控制。"

第一种广泛存在的观点认为,担忧是性格的一部分,我们无法影响它。因此也就可以理解,为什么一些人会觉得自己对于改变持续担忧、过度反刍、不断检查潜在危险这些自动反应无能为力。这种失控的感受与我们习惯立刻采取CAS策略有关。我们认为,只有借助放松和正念练习或者消遣娱乐才能转移注意力。但是有些想法很顽固,以至于放松和转移注意力都无法削弱它们。比如,娜塔莎告诉我,她想法的内容决定了她是否能够控制担忧、转移注意力。她可以控制晚上吃什么或者给妹妹买什么生日礼物之类的想法,却控制不了对孩子或自身健康的担忧。娜塔莎不久前被确诊患上耳鸣,耳朵里令人烦躁的声音引发了很多她无法控制的触发性想法和担忧。

元认知治疗如何看待信念1：元认知治疗的出发点是，所有人都可以控制自己的担忧或者在应对触发性想法和感受时对策略的选择。如果我们总是选择让我们十分担忧的策略，我们可以学习如何控制并消除担忧。因为我们知道，担忧是由思考过多引起的。我们还知道，我们无法通过大量思考或其他主动策略克服担忧。相反，我们必须激活反刍的反面——分离注意，不去理会情绪化的想法，而是被动地观察它们，让它们自我调节。

元认知信念2："我害怕我的想法和感受。"

第二种广泛存在的元认知信念是，特定的想法、感受和担忧对健康有害。比如，我的患者说："我一直害怕得癌症，也很担心这种想法会让我生病。"这是可以理解的，我们都知道，在一些情况下，我们的感受会严重影响我们的身心，也许对失眠的恐惧就曾让你失眠，对压力过大的恐惧就曾让你状态不佳。媒体中出现的许多人筋疲力尽、生病、崩溃或因为压力过大而精神失常的新闻报道也会加剧焦虑，人们甚至相信，想法、强烈的感受和担忧会导致脑损伤、血栓和癌症。

肯尼特因为患有广泛性焦虑症来找我治疗。他担忧个人生活和职场上的很多事情，每天花好几个小时来推测可能发生在自己和身边的人身上的可怕的事。此外，他还坚信担忧会让他精神错乱。这引起了新的焦虑，对于焦虑的焦虑。一方面，他坚信他无法控制自己的担忧（元认知信念1），另一方面，他坚信这些想法对他的健康有害（元认知信念2）。这就导致他出现了严重的焦虑症状。我问肯尼特，"想法是有害的"这一信念对他的健康产生了什么样的影响。他说，这使他加倍焦虑。这就如同对吃有毒的果子上了瘾。他无法克服担忧，即便知道这会使他生病。

第二种元认知信念对于强迫症患者是一个特殊的挑战。他们害怕特定的想法——被他们赋予重大意义的强迫性想法。比如因为强迫症来找我治疗的克里斯蒂娜就坚信，她关于伤害家人的想法非常危险，会让她发疯，最终真的做出这样的事。她害怕伤害她最爱的人：她的丈夫和孩子。因此，她花费巨大的时间和精力来抑制这种想法，使自己平静下来并分散注意力。

元认知治疗如何看待信念2：想法、感受和担忧可能令人极度焦虑，但是它们并不具有危险性，不会使我们身心患病。我们的大脑可以处理它们。因此，肯尼特的危机感是没有必要的。它不会减少焦虑，恰恰相反：他因为自己的担忧而担忧，这种双重的担忧让他深陷焦虑之中。让克里斯蒂娜饱受折磨的强迫性想法也是无害的。所有人都会不时产生让自己倍感压力的懊恼想法，但是它们不足以让人实施暴力。施暴需要目的和动机，仅有想法是不够的。人们必须认识到，想法、感受和担忧本身是无害的。只有这样人们才能明白，我们是可以并且能够让想法、感受和担忧飘过的。

元认知信念3："担忧、分析、探究都对我有所帮助。"

第三种导致使用不当策略的元认知信念是，处理想法会给予我们更多的行动空间、可预见性和控制感。如果我们相信CAS策略可以帮助我们克服生活中的众多挑战，预见埋伏在我们四周的危险，那么我们在这上面花费大量时间就是完全有意义的。

梅特患有社交恐惧症，她坚信多思考能够让她更好地控制自己在社交场合中的表现，权衡所有方面后她就能够更好地应对生活中的社交挑战。然而，过多顾虑引起了严重的焦虑，使梅特进退两难：她能为了摆脱焦虑而放弃担忧吗？这么多年来她已经习惯了担忧，这会给她一定的安全感。克里斯蒂娜在可能会伤害家人这一焦虑想法上花费了大量时间。她相信自己能够抑制强迫行为，但这只会助长她的焦虑和强迫症。克里斯蒂娜也处于进退两难的境地：她能够为了摆脱焦虑而放弃已经如此熟悉的强迫行为吗？

元认知治疗如何看待信念 3：我问那些强调自己所用策略作用的患者，思考和反复推敲能否帮助他们获得更多控制感并做出好的决定。他们的答案经常是模棱两可的。一方面，担忧和处理所有可能发生的情况给了他们安全感和控制感。另一方面，它们引起了紧张、不安和焦虑，使他们无法做出最终的决定。与对衰老和孤独的焦虑斗争了几年后，莫娜来到我的诊所。"我要是找不到合适的住所怎么办？我应该和谁一起度过闲暇时光？我要是孤独一人怎么办？"

这些充满担忧的想法没有帮助她制订任何关于她想在哪里、和谁一起以及如何度过暮年的计划。她的反刍或思考只会助长恐惧、紧张和不安。

一个人不可能整天都在考虑潜在危险，同时保持情绪上的平衡，没有焦虑症状。当然，人们必须思考事情、问题并做出决定。如果想两全其美——在减少焦虑症状的同时拥有担忧的空间，人们可以采用元认知治疗中的"反刍时间"，只在有限的时间内尽情担忧和顾虑；在其他时间则把所有出现的担忧和想法都推到反刍时间里，并使用分离注意技巧，不去关心想法的存在，以便让心理能够自我调节。我会在后文中具体解释如何将反刍时间融入日常生活中。

分离注意和正念是一样的吗

如何区分正念和元认知治疗？经常有人向我提出

这一问题。我推测，这一问题是由分离注意的英语表达"detached mindfulness"引起的。因此，人们会把分离注意与冥想中的正念（mindfulness）概念联系在一起，认为这两个概念所指的是同一件事情。但事实并非如此。

研究发现，人们的感受和想法可以自我调节，因此人们不必再使用呼吸技巧等调节方法。元认知治疗就是基于此种观点的研究。注意力必须投向在外部世界发生的事上。

元认知治疗的观点认为，当我们不去理会想法，将注意力从自己身上移开时，心理会进行自我调节。通过改变元认知信念，明白自己拥有选择权，而不必屈服于处理担忧和想法的压力，我们就可以达到心理自我调节的状态。

一些正念要素的运作方式却恰恰相反，因为正念要求通过检查身体状况、冥想及呼吸练习来内向观照。正念强调定期冥想的重要性，这在元认知治疗中却不是必要前提。正念方法不会挑战、质疑和改变元认知信念，而这是元认知治疗的核心。

另一个不同点在于两种方法的效果。心理学家洛拉·卡波比安科（Lora Capobianco）在2018年和曼彻斯特大学的同事一起进行了一项比较研究，研究对象为一小群焦虑症和抑郁症患者。其中一部分人参加了正念减压课,另一部分人则接受了元认知治疗。这项研究的结果证明,元认知治疗组不仅缺席率低,而且疗效更为显著,71% 的参与者焦虑症状明显减轻,而另一组只有 50% 的参与者症状明显减轻。

正念具有令人平静的作用,加强了对当下的觉察,但是对于焦虑症患者来说,正念加强了内省以及对自己身心的关注,从长期来看可能会使症状恶化。

质疑你的信念

来到我诊所的大多数患者都有这 3 种元认知信念中的一种或者几种。在接下来的 3 章中我会详细阐述并逐一探究这些信念,并阐述我们应该如何在元认知治疗中应对它们。

首先我想为你讲述卡斯滕的故事,他来就诊时焦虑症的症状非常明显,他最好的朋友阿兰不久前死于癌症。阿兰长期胃痛,但是他并没有重视这个问题,只认为是工作压力过大导致的。阿兰最后还是去了医院,他被确诊患有严重的胃癌,几个月后就去世了。自此卡斯滕就一直十分恐惧。在为朋友去世而悲痛的同时,他害怕自己也患上严重的、未知的疾病。卡斯滕一直属于容易忧虑的性格,但是他对健康的担忧越来越强烈,在短短几个月内发展到了这样的地步:他每天都要花费

10~15个小时去担忧自己的身体健康状态。他的担忧始终围绕"我是否可能生病了?""我该如何确认这一点?"以及"我要是真的生病了怎么办?"展开。他陷入了一个恶性循环。他越关注自己的身体,就会发现越多的反常现象。他检查大便里是否有血迹,上网搜索他的症状可能指向什么(不当应对方法),把所有的注意力都集中在自己的身体状况和情绪上(危险检查)。

卡斯滕迫切地观察身体状况,以便能够及早辨认出所有危险的症状。在他的眼中,他的策略是重要且有效的。但是他感觉这些充满忧虑的想法夺走了他的控制权,他既无法调整也无法限制这些想法。随之而来的又是担忧,他担忧大量的负面想法长此以往会使他精神受损,最终精神失常。也就是说,这些想法和担忧制造了额外的危险。卡斯滕对于自己想法的态度是非常矛盾的。一方面,他认为他的策略很有用,对他的生存有真正的帮助;另一方面,他感觉到压力症状和焦虑在增加。因此,他的策略既是有用的也是危险的。当卡斯滕开始接受元认知治疗时,他学到的第一件事就是他可以自己决定在担忧上花费多少时间。他认识到自己不必详尽地处理所有触发性想法。他学会了摆脱它们,把关注点放在外部世界中。很快他就注意到,不适感和内心的不安通过这种方式自行消失了。他由此确定,不间断的担忧弊大于利,充满担忧的想法并不会引起真正的危险,只是在浪费时间而已。

❖ **彼得的案例:"我的想法就像水蛭一样,吸干并夺走我的全部精力。"**

彼得,49岁,大公司销售经理,有女朋友和孩子

大约在1年前的一天晚上,我半夜醒来就再也睡不着了。我发现不知何时起我开始数数了。我躺在床上,数着卧室里挂着和摆着的画。这让我很担心,因为我之前出现过这个症状。

10年前我患过严重的抑郁症。那时我刚离婚,开始做一份新的工作,和许多没有经验的同事开展一项新的业务。我日夜不停地工作。那段日子非常艰难。之后我不得不请了6个月的病假,开始服用药物,接受治疗。慢慢地,我好了起来。

在这个失眠的夜晚,我注意到我的行为和当时非常相像。因为我已经连续失眠好几个晚上了。我在电脑前度过了这几个夜晚,并在我女朋友的闹钟响起的半个小时前回到床上,假装自己一直在睡觉,以免她发现我的不对劲。持续的恶心也在不断折磨着我。早上我遛狗的时候经常呕吐。另外,我越来越容易被激怒。现在我还开始数数了。这些都是我曾有过的症状。

一系列的状况让我的生活更加混乱了:我的儿子遭遇了事故,我的祖母去世了,我的父亲必须要做一个大手术,而我工作非常忙碌。我感觉自己仿佛身处一个永不停止的涡轮机里。没有地方可以让我平静下来,我开始害怕紧张和压力会使我生病。癌症就是这样产生的吗?我会得癌症吗?或者干脆猝死?

有一天，我向好友倾诉，告诉她我一直在数东西。她这样回答我："你过于纠结你的想法了，顾虑太多。试一试元认知治疗吧。"

我报名参加了一个总共 6 次的团体治疗。我们的第一个练习是窗户练习：把担忧和触发性想法写在窗户上，然后让注意力在窗户上所写的内容和窗外的事物间来回切换。我写下了：我后悔没有好好地和祖母告别，害怕爸爸挺不过手术。我觉得这个练习很奇怪，看不出它会怎样对我有所帮助。

几次治疗后，我恍然大悟。如果人们无法改变自己的想法和感受，就不必一直盯着它们不放。也就是说，不要在上面浪费精力，也不要驱赶它们（因为这也会消耗能量），而是不去理会它们。然后，人们就可以把精力用到其他的事情上了。自己决定是否处理想法或者其他事情对我来说确实是一个全新的启示。但是老实说，这就是解决焦虑的方法吗？治疗师还向我们教授了其他练习。这些练习告诉我们，我们才是时间和注意力的主人。我总是认为我可以把想法从意识中赶出去。然而，在我们做了粉红大象的练习（你不能去想粉红大象）之后，我才意识到，不管是处理想法、担忧还是试图去避免或者压制它们，都要消耗能量。我学会了不去理会它们，而是关注别的事情。

虽然治疗已经结束了，但我仍在使用从治疗中习得的方法，因为它们可以非常好地融入日常生活中。之前我的想法像水蛭一样，吸干并夺走我的全部精力。现在不再是这样了。我还是和之前一样忙碌，还是为祖母的离世而悲痛。但是，我可以自己决定是否在沉重的想法上耗费精力。我不想这样，我认识到它们"只是想法而已"。在我看来，这种说法点出了本质。如果这些想法太过嘈杂（它们确实是这样），那它们也"只是"噪声。我什么也不必做。10年前被击垮时，我并不知道我只要不去理会这些想法就好。我现在明白了，我当时是在试图掩盖所有触发性想法，比如我开始跑步，一路狂奔，只是为了不去感受自己的状态有多糟糕。现在我明白了，这并不是有用的策略，而只会消耗我的时间和精力。

我今年10月份就完成了全年的销售任务，尽管与往年相比，我缩短了每天的工作时间。这是合乎逻辑的：我没有将资源和能力浪费在担忧和"要是……怎么办"上。想法和感受出现时，我就告诉自己："它们必须等到下午5点。"知道自己可以决定这件事的感觉真是太棒了。大多数情况下，想法和感受在下午5点以前就已经消失了，即使它们还在，我也能够处理它们，或者做出另一个决定：将它们推迟到第二天下午5点。这听起来很容易，实际上，一旦你理解这是如何运作的之后，就会觉得这确实非常容易。一开始，我确实需要练习等待到下午5点。这些想法可不想等，不停地冒出头，但是我坚持住了，一直告诉自己："等到下午5点。"随着时间的推移，这越来越容易了。现在，虽然我每天仍会产生负面的想法，但是我会把它们全部推迟到反刍时间再处理。

我在元认知治疗中学到了什么

引发彼得焦虑症状的旧策略	彼得用来克服焦虑症状的新策略
思考方式 大量的反刍、分析，经常试图抑制担忧。	**思考方式** 我发展出了对 CAS 的感知能力，因此不再在担忧上花费时间。我不去理会我的想法。
行为 我因为在晚上无法入睡而起床。我容易被激怒。我在白天做事十分跳跃，无法在重要的工作上集中注意力。	**行为** 我不再像之前那样容易被激怒了，而且可以更好地集中注意力。
关注点 我关注自己以及折磨自己的压力。	**关注点** 我关注当下以及我可以改变的东西。我将想法视为噪声，我不必做任何事去应对它们。

关于想法我学到了什么

我了解到，我可以控制忧虑，想法并不危险。

第 4 章 打破担忧循环 赢回控制权

你熟悉担忧和沉重想法一直围绕着自己的感受吗？你的想法一直在循环，尽管你确实已经努力尝试镇定自若，但你还是肚子痛、手脚颤抖、头疼、恐惧、不安，找不到解决问题的合适办法。即使你找到了应对挑战的方法，担忧仍未消失，仿佛不受你的控制。

这种失控或缺乏控制的感受在焦虑症中很常见。担忧和想法的循环会自动产生，随之而来的是身心不适。因此我们试图通过新的活动和策略来平息和减少焦虑。我们尝试通过长时间的自我对话使自己平静下来，正面地思考、分析，解密想法和感受。我们和伴侣、家人以及朋友交流我们的问题，在网上寻找答案，做冥想，服用镇静药物或者借酒消愁。

大多数人很快就会认识到，所有这些方法都不会长期有效。虽然他们会暂时起到放松和缓解情绪的作用，但是没有人可以证实他们借助 CAS 策略控制了忧虑。相反，患者通常将获得控制权的希望寄托在医生、伴侣或者药物上。

我的患者鲁思十分害怕独处。她不停地思考，要是她的丈夫突然死去，抛下她一个人该怎么办。为了缓解她的担忧，她的丈夫每天发好几条短信告诉她，他现在很好。这些短信可以在几分钟内缓解鲁思的担忧，但是很快她又需要新的短信来抑制再度浮现的恐惧。也就是说这个方法不会从根本上解决问题，反而占用了她所有的注意力，一直维持着她的恐惧。当鲁思明白自己拥有打破这一习惯、夺回控制权的能力后，她的生活立刻发生了变化。

我们所有人都完全可以控制自己是否处理触发性想法和感受。但是随着不安、紧张、烦躁和恐惧不断增加，控制感会减弱。最终，失控感会占据上风。

许多人都有一种感受：他们在不那么重要的话题上可以控制想法和担忧，但在面临重大的人生危机时，他们就做不到这一点了。我们每个人都遇到过这样的朋友或熟人：尽管他们面临许多重大问题，但他们不会陷入担忧的循环，依旧可以睡得很好。其中一些人离婚了，一些人必须与重病做斗争，一些人经济窘迫，还有一些人要面对家庭纠纷。然而他们都能够安排好日常生活，去上班，约朋友见面，不去理会大脑里的思想流。

这些人并没有特殊能力。他们的担忧并未减少，只是他们接受了生活中的问题、分散了自己的注意力或者面对挑战采用了无所谓的态度。他们只是干脆让担忧飘过，听之任之。生活就在他们的门外，它在敲门，希望人们能够经历它。因此他们决定将注意力转移到外界，而不只是投向痛苦和担忧所在的内心。我们每个人都有做决定的能力。所有人都有能力决定自己是否要将注意力集中在担忧和反刍上。但是，如果我们已经失去了控制，我们就需要多花一点时间重新找回它。

我知道，这说起来容易做起来难。我也知道焦虑和担忧的状态有多可怕。我一直在帮助那些陷入精神症状和担忧魔爪并深受其苦的人。失去控制这一元认知信念对于焦虑症患者来说是根本问题，所以我们在治疗中首先要对其进行探究和挑战。无论遭遇的问题大还是小，我们都必须赢回对担忧的控制权。

我们可以学会：

- 控制担忧并分离注意，无论灾难性想法多么具有情绪感染力、冒出的想法多么数不胜数。
- 将注意力从内部和外界的危险上转移到重要目标上。

你能控制担忧，分离注意吗

在我向缺乏控制感发起挑战前，我总是询问患者，他们可以在多大限度上控制担忧，并请他们在下面的刻度尺上标出相应的百分数。大多数焦虑症患者觉得自己在80%左右，也就是说，他们认为自己几乎无法控制担忧。

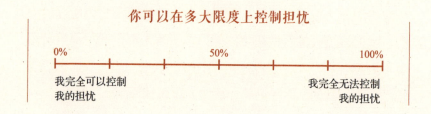

理解担忧和想法之间的关键区别至关重要。没有人可以完全控制他的思想流、感受和身体症状。它们随心所欲，来来往

往。但是我们完全可以控制我们的注意力和应对想法、感受和身体症状的方法。我们只需要理解、领悟和体验到，我们是拥有控制权的。

我们比别人对自己的处境、感受和挑战更加敏感，并且与别人看法不同，这是正常的。我一再强调，不是想法的内容和强烈程度引起了焦虑症，而是元认知信念。

元认知信念1："我不相信自我控制"

当我反驳这一点并认为所有人都一样时，一些人觉得自己受到了挑衅和误解。他们强调，自己完全没有能力控制由灾难性想法和担忧带来的混乱，这击败了他们。其他人也许可以成功做到自我控制，但是他们永远不行。首先，我对概念进行了区分，因为在日常使用中，这些概念很容易被混淆，想法和担忧会被看成一回事，但事实绝非如此。我们每天都会产生无数想法，我们不可能控制它们。不管我们是否愿意，它们都会出现。担忧的人主动去处理想法，采取行动。他们的处理策略可能是抑制想法、探索身心或者跳入思想旋涡。

这些策略处于精神模型中的中层。我们完全可以控制这一层次，尽管这种控制感是模糊的。这一层次上的一些活动是非常明确的，另一些则是自动化的反应。我们为了和朋友沟通一些很严肃的事情而拨通他们的电话，这就是一种非常明确的且有意识的主动行为。当我们因为事态严重而担忧时，这种担忧似乎是自动出现的，但它们实际上和打电话一样都是主动行为。有些人的担忧看上去更像是一种性格特征而不是一种行为，这是因为担忧已经成了一种习惯，就如同走路时习惯先迈出某只脚一样根深蒂固。

▶ **我们在实践中是这样做的**

控制注意力

如果我们能够识别触发性想法并认识到 4 种 CAS 策略（担忧，反刍，危险检查，不当应对方法）会引起焦虑症，我们就可以明白我们能控制自己的注意力。

以下面 2 个练习为例：

窗户练习

我和患者一起走到窗边，透过窗户可以看见街上或花园里的景象。我用油性笔在窗户上写下了患者的触发性想法，然后他走到窗前，集中精神去读这些字。周围所有事物都逐渐模糊起来，他只能清晰地看到这些触发性想法。

之后他需要透过窗户看向外面，观察街上或花园里发生了什么。现在外面发生的事变得清晰可见，而窗户上关于触发性想法的文字逐渐模糊起来。

通过这个简单的练习我们很快就可以看出，尽管触发性想法一直都在，但我们的注意力是可控的。

纸球练习

通过这个练习，人们可以认识到被动和主动的区别。

我在一些碎纸片上写下了 20 个触发性想法，例如"我还是睡不着""为什么我睡不着""我要是现在不睡觉，明天一整天都会很糟糕"，然后把这些纸球扔向患者，就好像他们被触发性想法轰炸了一样。我们玩了两轮。

在第一轮里，患者们要努力不被砸中。他们可以转过头，挡住纸球或者将它们拍向一边。所有人都认为躲避这些噼里啪啦向他们砸来的纸球很吃力。

在第二轮里，他们只要坐着不动就好，观察纸球是如何向他们飞来、砸在身上的，不需要耗费能量去躲避或者挡开。目标在于保持被动。无须对抗纸球时，人们也就不那么焦虑了，被球砸比把球拍向一边更加轻松。

这个练习说明，当想法出现时，人们可以自己决定是否与其抗争。它同时也表明，对抗想法比不予理会要消耗更多精力。

一步步赢回控制权

正常来说，整个治疗过程要持续 6～12 次。大多数人在前几次治疗后就可以认识到，尽管焦虑想法和感受依然存在，他们还是可以愉快地、无忧无虑地生活。剩下的人则需要更多时间来认识到这一点。

你必须学会控制注意力，并认识到将注意力集中在何处是由我们自己决定的。我理解这非常困难，当一个人被焦虑不安笼罩并且被夺去全部注意力时，这听起来是不可能的。但是我确定，学会将注意力从触发性想法和感受上移开后，几乎所有人的症状都会得到改善。这种改善伴随着"我们可以自己决定在多大程度上投入精力"的认识而来——这对于头痛、发痒的蚊子包、触发性想法或者焦虑发作都同样适用。我想要把注意力放在哪里？放在触发性想法和焦虑上？还是放在我周围的生活上？我们可以自己决定想要注视的方向，是想向内看还是向外看，看向他人和我们生活的世界。我们也可以决定要不要分离注意，以及要在一个想法、一种感受上花费多长时间。

为了阐述治疗过程的每一个步骤，我要先讲一讲艾伦的故事。多年来她一直因为烦躁、紧张和不安等焦虑症状感到十分痛苦。她的触发性想法和灾难性想法总围绕着能力问题。她整天担心她无法胜任工作以及朋友、母亲和妻子的角色："要是我犯错了怎么办？要是我忽视了重要的事怎么办？"艾伦感觉自己无法控制担忧了，因此不断使用不同的策略：当触发性想法在晚上出现时，她通过看自己最喜欢的电视剧或者玩数独游戏来分散注意力。她报名参加了正念和放松技巧的课程。丈夫和朋友总是不断地安慰她：她一直都很棒，完全没有像她想象的那样犯很多错误。虽然这可以缓解她的焦虑，但只在短时间内有效，之后灾难性想法和担忧又会卷土重来，仿佛它们会不由自主地产生——她试图摆脱它们，却只会起反作用。还记得那幅画面吗？被压到水下的球。

艾伦运用的所有策略只有一个目的：她希望想法消失，大脑能够获得平静。

对于"你可以在多大限度上控制担忧"这一问题，她在刻度尺上标出了 95% 这一数值——95% 无法控制。因此我又追问了艾伦的元认知信念。她同意我的看法，她的策略没有起到哪怕一点儿作用。尽管多次使用不同策略，但没有一种策略能让她摆脱灾难性想法的折磨。一直重复同一件事也不是解决办法。我问她是否尝试过不去理会她的想法，不去处理、讲述也不和别人探讨它们，更不去与它们抗争。她没有试过，因为一直以来她都把想法的内容（关于她缺乏能力的负面内容）看作焦虑的真实原因。她必须消除这些想法，才能够越来越好。

我还问艾伦，她有没有过忘记担忧或者在反刍中被打断的情况。她承认自己曾有这种经历。上周她曾短暂地忘记老板可能对她存在的不满，因为学校打电话来通知她，她的女儿手腕脱臼了。当我问她，晚上睡觉时担忧是不是会停下来，她起初表示怀疑和否定，之后又确定地说："睡着之后担忧显然是会暂停的！"

这就是她在元认知治疗中所得到的最初认识之一。大多数患者都会在治疗早期获得这一认识：睡觉时担忧会停止。只要她想，她就能够控制担忧。这完全颠倒了艾伦对于因果的认识。她认识到，不是想法本身决定它是否在接下来的 5 分钟、

5 小时，甚至 5 周的时间里处于她生活的中心，而是由她自己做出决定，她有控制担忧的权利。

我们做了一个小试验：艾伦能按照指令产生触发性想法然后再停止它吗？我让她说出自己最常出现的触发性想法："我要是在工作中失误了怎么办？同事会因此嘲笑我吗？要是上司发现了我的错误怎么办？我会被解雇吗？"她一直不停地说。3 分钟之后，我拍了拍手，告诉她停下来。她看着我，准备听我说。下一秒，她就明白了这个练习的意义。她刚才立刻就停止了担忧。在我告诉她停下来，不要总是提出并回答新问题时，她的思想流被打断了。

这是不是听起来太棒了，以至于不真实？像其他焦虑症患者一样，艾伦也反驳我说，在治疗师给出停止思考的指令时控制想法是更容易的。她预测如果自己在家的话，她又会失去控制。因此我们继续扩大试验。我出去散步，艾伦则坐在谈话室里独自开始和停止思考。她需要用"要是……怎么办"问题启动内在的担忧机器，几分钟后再让它停下来。到目前为止，我还没有遇到任何一位做不到这一点的患者。艾伦也成功了。当我散步回来的时候，她已经在最大限度上产生了担忧并又成功停止了担忧。

完成练习之后，我通常会再次拿出刻度尺，让患者重新评估自己对于担忧的控制力。这一次艾伦标注的是 50%。但是，艾伦表示，从 95% 到 50% 的改善只针对那些不那么危险的想法。像大多数焦虑症患者一样,对于艾伦来说,不同的想法在力量和权重上有本质不同。她坚信自己还是无法控制最强烈的想法,比如在工作中被证实犯错时袭来的惊恐想法。她永远无法按照指令停止这些想法。

严重的、真实的担忧更难控制吗

显然,第一眼看上去,比起"我的丈夫是不是有了更喜欢的人"这种大担忧,"邻居有没有考虑把垃圾桶拿出去"这样的小担忧更容易被克服。对于焦虑症患者来说,摆脱会引起身体症状的想法、应对基于现实的担忧是更加困难的。因为当人们害怕另一半欺骗自己时,有时会心跳加速并产生眩晕感。

然而,控制想法和担忧的方法始终如一,无论是关于没有意义的事还是关于一段关系的未来。

你能控制你的担忧吗

元认知信念决定了我们是否有控制感,以及我们是否会担忧、反刍或者在对抗想法的过程中采用其他的 CAS 策略。

下图展示了触发性想法发展为强烈焦虑症状或无焦虑状态的路径。我们的元认知信念决定了我们如何应对想法以及会产生何种后果。

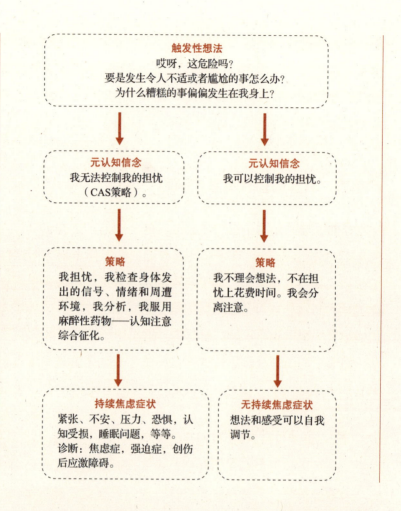

对于像艾伦一样坚信不同灾难性想法的强度不同的患者，我会采用在上一章中提到过的联想练习。

为了克服艾伦在刻度尺上剩下的 50% 控制力缺失问题，我采用了联想练习，它表明，如果我们不理会想法，我们就确实可以控制担忧,即使想法还在我们体内喧嚣,还在我们眼前浮现。

联想练习是这样进行的。

我说出一些可能会在艾伦头脑中唤起画面、想法和联想的词。任何词都可以。如果没有反应,艾伦不需要做任何事来主动引起联想。

我对艾伦说了这些词:奶油、圣诞树、骑车旅行、生日、朋友、阳光……

每一个词都让艾伦的脑海里浮现了一些画面,这些画面很快又消失了。对她来说,让这些画面和想法飘过是很容易的,因为这些词引起的只是无关紧要的想法。

然后艾伦要确认一下自己是否也可以让引起更强烈感受的想法飘过。我们列出了她的触发词清单:同事、解雇、职位、未来。

光是想到这些词会在下一个实验中出现就会引起她的不安。她变得紧张,想象自己在听到这些词时会出现什么想法和感受。

我请她尽可能分离注意,让这些词"冲"过来:奶油、解雇、圣诞树、生日、未来、朋友、职位。

艾伦尽力了。然后她确定,她可以忍受可能被解雇的想法而不去做什么,尽管她出现了身体上的症状。如果一个人分离注意,让想法自己产生和消失,或者就让想法留在原处而不去纠结，他就完全不会踏上担忧的列车。

每日反刍时间

赢回对自身注意力的控制权的下一步，就是打破习惯。改变习惯比赢回控制权更难，而且摆脱旧有习惯可能会令人恐惧，即使它是一个坏习惯。反刍会带来慰藉，因为它令人熟悉。此外，放眼未知未来，却不知道该如何处理那些你一直不停关注的想法，这看起来也十分危险。

我推荐患者采用反刍时间。在每天特定时间里（比如下午5点到5点半）担忧、反刍、推测、计划、警惕身边的危险。如果在一天中其他时刻出现了触发性想法或感受，就将对其的处理推迟到反刍时间。可以想象，限制担忧会让人感到很矛盾。一方面，处理担忧会给予我们控制感和安全感，以及我们寻找生命中重大问题答案的可能性；另一方面，我们会被困在焦虑症状里，无法享受生活的方方面面。

采用反刍时间有多重作用。

首先，这是一项行为实验，用于探究担忧的不可控感。通过转移注意力，大多数人确实可以将很多担忧推迟。我们每天都会不经意地推迟很多想法和担忧。你在上班路上的报刊亭看到了当日的头条新闻，但同时又想准时上班，于是将注意力转移到原有目标上，继续赶路。或者你在公交车上听到了让你感兴趣的谈话，但是你必须在下一站下车，此时你的注意力已经在车外了，先前的想法也就中断了。为了不对触发性想法做出回应从而强化控制感，我们可以学习有意识地使用这一技巧。

此外，反刍时间也让我们意识到想法在本质上是暂时的。早上10点时极其重要的触发性想法，到了下午5点已经不那么强烈和重要了，或者已经失去了意义。如果我们接受它们并不做出处理，不管是细微的还是强烈的感受就都会消失。我们不必为了防止等到反刍时间就会忘记之前的担忧而去把担心的事情记下来，因为那些重要的担忧会在下午5点再次出现。

将担忧限制在较短的特定时间内，这在一开始可能是让人害怕的。无论是恐惧自己会搞砸一切，还是担忧无力制止想法的洪流而完全失控，都是可以理解的。

为了削弱这种恐惧，我们可以尝试另外一个小试验。我要求患者在几分钟内尽可能强烈地担忧、思考重大事情，以此来检验他们会不会无法控制担忧。然而到今天为止没有一个人发生过失控的情况！这项练习使他们更加相信自己可以控制担忧。哪怕是他们自己在家进行这项练习，我也总是得到这样的反馈："这是真的，我不会失控。"

让你的担忧等到下午5点

现在我们认识了反刍时间的概念。但是如何在日常生活中应用它呢？

当触发性想法出现的时候（它们有各自的活跃周期，并且会一直冒出来），我们可以练习对自己这样说："等到下午5点，我就可以认真处理它们了。"

到了下午5点，许多人发现，想法已经溜走了。这时就没有什么可以再担忧的重要事情了，不妨让一切过去。主动运用反刍时间是一种选择，而不是强制性的。你也可以把反刍时间推迟到第二天。

在最后一次治疗中，我们盘点了患者的现状并讨论了是否想要保留反刍时间，或者患者是否怀念他曾在担忧上花费的许多时间。所有患者都决定保留反刍时间。

想法已经出现时，还能分离注意吗

当我想要质疑患者对于担忧的不可控感时，我会制造与其真正的触发性想法相符的场景。比如，在让患者原地跑步、加快呼吸的同时，我会通过大声快速说话并打开收音机制造压力，使其过度呼吸并产生眩晕感。当他们的整个身体系统承受这种压力时，我要求他们分离注意，被动地观察自己的想法。他们通过这种方式体会到，即使在身体症状十分明显的情况下，他们也可以分离注意。

我想用朱莉的例子详细解释一下这个练习。朱莉患有睡眠障碍，害怕晚上上床睡觉，因为她害怕再次无眠。她学会了一系列睡前仪式，比如放松练习和恢复平静的意象训练（积极想法）。她还把所有的担忧记在本子里，直到深夜才筋疲力尽地上床（不当应对策略）。朱莉的想法总是围绕她的睡眠。从下午起她就开始问自己，当晚是否又必须为了睡觉而斗争："我要是睡不着怎么办？我的大脑要是又遭到可怕想法的轰炸怎么办？这样的话明早开会我会筋疲力尽的！"尽管医生开具了处方，但是朱莉不想吃安眠药。于是她开始接受元认知治疗。在治疗中她学会了放弃多样的睡前仪式，因为它们只会让她的想法不停旋转，每天晚上都要花费几个小时去处理它们。她学会了被动地观察想法。没有人可以按照指令入睡，但是我们可以选择是去处理想法还是被动地观察它们，无论它们数量有多少以及有多难缠。

朱莉发现，当她迷失在混乱的思想中时，被动地观察想法格外困难。因此我向她介绍了前文提过的纸球练习，以便让她认识到我们一直都可以选择主动或被动的应对方式，不论有多少想法活跃在大脑中并向你发出邀请。

朱莉在纸上记下了她的触发性想法，我把它们揉成了纸球。然后我把它们扔向朱莉并请她躲避纸球。她紧张不安地挥舞双手。随后我问她，当这么多想法涌来而你必须对抗它们的时候，入睡有多困难？此时这个练习的意义就显现出来了。朱莉认识到，如果需要同时应对这么多想法，她是不可能睡着的。

为了加强这一认识，我们又进行了第二轮纸球练习。这次我请她不要躲避纸球，就让它们砸过来，被动地观察它们。

这个练习向朱莉说明，她在入睡前不知疲惫地控制思想流只会起到反作用。现在她明白了，其实她并不需要那么多睡前仪式。她成功地按照指令分离了注意力，去观察各种各样想法的轰炸。当她不再为了入睡而苦苦挣扎时，入睡就变得容易许多，对无法入睡的焦虑也就消失了。

▶ **我们在实践中是这样做的**

可见的危险

"永远关上担忧的大门"这个说法听起来很奇怪。我们都愿意在参与外界生活的同时处理有关安全的触发性想法和焦虑。换句话说：我们希望与焦虑保持距离，但同时全程意识到它们的存在。

我同样会在治疗中探究这种愿望。为此我进行了这个练习：我请患者们拿着一个放有鸡蛋的勺子，然后我向他们扔纸球。他们的任务是躲避纸球（也就是触发性想法）的轰炸，同时不让鸡蛋掉下来。30秒后练习结束，然后我改变了前提条件。现在患者们可以被纸球任意击中，只要全神贯注不让鸡蛋落下即可。

我在治疗中接触过上百位患者，他们都一致表示：在实际操作中，在躲避纸球的同时保证鸡蛋不掉落是不可能的。相反，忽视纸球并全神贯注于不让鸡蛋掉落是非常容易的。关键在于，当我们的注意力集中于任务上（不管是勺子上的鸡蛋、工作任务，还是和他人相处），而非同时关注内心世界的想法和感受时，我们是全身心地处在当下的。

控制你的监控欲望

对于一些人来说，危险检查（检查内心和外在反常情况）的 CAS 策略享有最高优先级。但是这是以牺牲生活质量为代价的。

莱拉就是一个典型的例子。她 9 岁的儿子维克多患有癫痫。莱拉和她的丈夫总是时刻照看着他。他怎么样了？他得到足够休息和睡眠了吗？他伤心了吗？癫痫又要发作了吗？几年里，莱拉全面扩大她的危险检查范围。儿子在校时她给他发短信、给老师打电话。她每周陪儿子上两次羽毛球课，"只是为了安全起见"，尽管教练对癫痫有经验，因为他的女儿也患有癫痫，他了解并且能够在与维克多的相处中及时发现发作的征兆。莱拉晚上到维克多的房间去，只是为了检查他睡得好不好。她永远在观察他的状态，在这个过程中不断地感到恐惧和压力，全然忘记了享受生活中美好的事物。

莱拉的危险检查策略意在为一切做好准备，从而获得控制感。只要维克多没有痊愈，她就难以想象自己会放弃这个习惯。

在治疗中，我们进行漫长的散步，期间把注意力转移到其他事情上。比如我请她用 2 分钟时间在周围寻找黑头发的男性，下一个 2 分钟要求她关注红色汽车，再下一个 2 分钟则是婴儿车。这个过程进行得非常顺利。她可以轻而易举地灵活转移注意力。

在前两次治疗中，她发现自己完全可以控制注意力，而这与她的元认知信念是相悖的。在独自散步时练习灵活转换注意力的家庭作业对她来说也完全不是问题。这一体验增强了她的信心，并帮助她将注意力转移到了和维克多共度美好时光上，她给他讲睡前故事或和他一起玩游戏，而不只是关注他的健康问题。

▶ **自我测试**

转移注意力

去散步吧。出门前就决定好你想要关注什么，可以是蓝屋顶房子、玻璃门、水坑或者是车牌号带 9 的汽车。测试一下自己：你是不是可以将注意力从触发性想法上转移到你之前想好的主题上？这时你就能够控制注意力了。

你完全可以控制你的担忧

在练习"分离注意"和"将思考推迟到反刍时间"一段时间——通常是 6～12 次治疗后，可以再看一看前文提到的刻度尺。情况有变化吗？你依然认为你无法控制自己的想法吗？

大多数人此时都会重新标注百分数,有的人甚至会标注10%或者0%。也就是说,他们感觉自己已经完全能够控制担忧了。

▶ 总结

我们这样处理"无法控制担忧"的元认知信念:

- 在刻度尺上用0%～100%表示这一信念的强度。
- 研究CAS策略(担忧,反刍,危险检查和不当应对方法)是否可控,了解支持或反对这一观点的佐证。
- 交流关于控制担忧的经验。
- 在诊所和家里练习分离注意。
- 借助行为实验检验自己会不会对担忧失控,并对所有类型的想法尝试分离注意,包括情绪化的想法以及引起身体症状的想法。
- 持续在0%～100%刻度尺上标记信念强度的变化。

❖ 克里斯蒂安的案例:"我曾经一直不停地处理我的想法。"

克里斯蒂安,23岁,机电师,已订婚

现在我学会了不去回应想法。这些想法是不安的、糟糕的、愚蠢的，甚至是无法忍受的，但现在我不再与它们对话了。它们依然存在，但我不再参与其中。之前，我整天都在反刍。现在，想法只是在那儿——我觉得我赢回了生活。

我一直以来都忧心忡忡，在幼儿园时就有了最初的迹象。"爸爸要是开车开错了路怎么办？我要是睡不着怎么办？要是……怎么办？"我非常敏感，对一切可能发生的事都感到焦虑。

我总是问自己，为什么我这么敏感。当我带着现有的知识回顾过去时，我发现自己是从母亲那里继承了应对灾难性想法的方法。她总在无意间强化和助长我的恐惧。当我不想在朋友家过夜时，她就会使我确信待在家里是最好的选择。如果我害怕家人发生什么事，她又会强调所有人都待在家里是最安全的。

在青春期阶段，我的情况有所好转。我能够在别处过夜了，瘦了一些，也开始运动了。但我还是非常焦虑，比如早上有时会惊醒，并且无法呼吸。呼吸困难是最常见的症状。然后我就会一整天都担心自己的扁桃体是不是肿了。医生说我患上了健康焦虑症。

然而，我总是可以找到走出焦虑症的途径，而且它们在我身上非常见效。但问题在于，这些途径没有长期效果。比如说，如果我在长时间开车后状态不好，我就会把这两件事联系起来，之后便不会再开长途车。我无法去购物中心购物，也无法坐电梯——我要是被困在里面出不来怎么办？要是又无法呼吸了怎么办？我有睡眠问题，当我醒着躺在床上、被困在思想旋涡里时，我感到非常痛苦，结果就是我干脆不上床了。偶然间我发现，睡前跑步会让我非常累，可以帮助我更好地入睡。因此，我坚信睡前不跑步是绝对睡不着的。

我要避免或检查的东西太多了，这使我失去了生活的乐趣。我必须强迫自己去上班，尽管我很喜欢我的工作。当我认识我现在的未婚妻时，焦虑甚至破坏了我们的热恋。

我感觉我完全无法控制自己的想法。它们很危险，我试图回避或克服这些危险的想法时，它们就会变大十倍。我像应对呼吸困难一样应对我的想法。每当我无法呼吸时，我就会想要立刻找到解决方法——我会不自觉地采取行动。当一个人感到自己濒临死亡的时候，他只希望自己能好起来。焦虑给生活带来的影响在于，它会让一个人变得非常糟糕，摆脱这些想法和感受成了他生活的全部意义。

一天晚上，我决定，我不要再这样生活下去了，不管付出什么代价。我已经处于心力交瘁的边缘了。我还这么年轻，我想要享受人生。我没有时间可以浪费了。

我做了一些尝试，包括心理治疗和正念练习。截至当时，我只放弃了药物治疗。我在网上遇到一家提供元认知治疗的诊所，打算尝试一下。反正我已经没有什么可以失去的了。

在元认知治疗中，我意识到自己可以在糟糕的状态（比如呼吸困难）下保持愉悦，专注完成任务。这一认识为我打开了全新的世界。之前，我的人生都是在避免惊恐发作中度过的，像其他人一样怀着对愉悦、满足的渴望与灾难性想法做斗争。现在我明白了，这二者并不互相排斥。我可以在产生灾难性想法的同时过得很开心。起初这对我来说很难，但这是符合逻辑的。我曾经把所有的时间都用来应对想法和感受，现在要把这一切一次性抛开。

我全身心地投入治疗中。对于我来说，花时间来学会这些技巧很重要。我必须真正地练习在灾难性想法和感受出现时什么都不做。几个月之后我就能够控制它们了。现在我还是会产生焦虑，但是我知道这些想法是无害的。它们只是停在那儿。我知道，只要我不加干预，想法和焦虑会自己消失。

今年年初，我和未婚妻还有几个朋友去了丹麦另一端的度假屋。这是我10年来第一次开这么长时间的车。在路上和度假期间我多次出现焦虑发作。换作从前，我会惊慌失措，大口呼吸，之后的几个小时都为了避免下一次发作而陷入思考。现在，我可以运用治疗中获得的新知识，不去回应想法和感受。我没有对它们做什么，它们自己就消失了。这真是太棒了，因为这样我就可以继续和他人共度美好时光，即便焦虑依然存在。

我在元认知治疗中学到了什么

引发克里斯蒂安焦虑症状的旧策略	克里斯蒂安克服焦虑症状的新策略
思考方式 我的焦虑想法是关于真实存在的威胁的,比如对于生病的焦虑。这些想法是危险的,所以我要不惜一切代价回避它们。我的想法就是事实。	**思考方式** 我明白了,我的想法并不危险。我可以干脆不去理会它们。对于感受也是同样的道理——它们只是感受。
行为 我尽一切可能回避使我焦虑不安的不适想法、感受和处境。我运用了非常多的应对策略来回应想法和感受。我坚定不移地尝试从焦虑上分散注意力。但这意味着我必须以特定的方式安排我的生活,以尽量避免负面的想法、感受和焦虑不安。	**行为** 当我产生负面想法或出现惊恐发作时(这总是发生),我会采取被动措施,继续做正在做的事。尽管焦虑仍然存在,但我依旧可以享受生活,因为焦虑只停留在后台。
关注点 我把全部注意力都放在了我的身心上。我时刻处于提防状态,检查我的想法、感受和身体症状。	**关注点** 我全身心关注正在做的事。

关于想法我学到了什么

我学到了想法只是想法,并不一定和现实有什么联系。我还学到,如果我不去回应想法和感受,我的头脑就会很快转向那些更有意思的事情。

05
第5章

不要害怕焦虑
想法、感受和担忧不会杀死你

"我找回了我的生活！"一位患者在 5 次元认知治疗结束后这样对我说。她患有广泛性焦虑症，多年来一直在和自己的灾难性想法做斗争。在前两次治疗中，她对于我所讲的内容感到无从下手。她不理解我所说的分离注意和控制担忧是什么意思。我们进行了多次谈话和练习，直到她看出了其中的联系。她不应该改变想法，而是应该让它们从脑海中飘过。明白了这一点后，她为自己打开了新世界的大门，参与到了家庭生活中，让想法悄无声息地路过。这时，她终于从焦虑和担忧的监狱中逃了出来，世界的大门一下子为她完全打开了。对于新的人际关系、未来、成就压力、被抛弃、黑暗、犯罪和疾病等问题的焦虑此前一直在阻挡她的前路。当孩子学了很久才学会阅读，一下子成功时，我们会说他们"破解了密码"。这对于患者来说也是一样的：他破解了元认知密码，并发现自己可以没有焦虑地生活。

在通过元认知治疗发现自己拥有对反刍的控制权，并且能够控制自己不去时刻检查自身和周遭危险后，大部分焦虑症患者会有明显的改变。如果他们一开始就学会了如何将注意力从触发性想法上分离并转移到外界的人、事、物上，而不是转移到自己身上，那么对于这些患者来说，治疗就可以结束了。

在进行 5～6 次治疗后与这些患者告别时，我总是非常高兴。因为这表明元认知治疗的效果是显著的、直接的。一个额外的好处是，元认知治疗完全没有副作用。

并不是所有的患者都会这么快抵达终点。在我的诊所中，大约有50%的焦虑症患者坚信他们的想法和感受是危险的，会引起严重疾病或者会以其他方式对自己造成伤害。他们觉得自己的元认知信念2得到了证实。

元认知信念2："我害怕我的想法和感受，因为我相信它们会对我的生命产生威胁。"

这里我想补充一点，所有的焦虑症患者都将他们的想法和担忧视为威胁，在他们眼里，焦虑总是会对生活质量产生负面影响。许多人试图用各种方法消除痛苦：镇静药、酒精、暴饮暴食、自残或其他自我毁灭的方式，直到想到自杀。对于这群人来说，这不只是生活质量降低的问题，他们对于身心受损或者患上疾病有着非常具体的焦虑，比如他们害怕某些想法会导致血栓、脑出血或精神失常。

和质疑第一条关于担忧不可控的元认知信念时一样，我请患者在0%～100%的刻度尺上进行评估，担忧或恐惧等强烈的感受会在多大程度上损害他们的身心健康。这种说法在一定程度上得到了简化，因为担忧和强烈感受本来就不可以混为一谈。不是所有具有这条元认知信念的人都会同时对二者感到恐惧。一部分人只对强烈感受感到焦虑，而另一部分人只对担忧感到恐惧。对于第三个群体——强迫症患者来说，强迫性想法则具有其他特殊的意义。

你害怕你的想法和感受吗

我们的元认知信念决定了我们是否害怕我们的想法和感受，并且在很大程度上影响了我们如何应对它们。当我们害怕它们的时候，我们就会用尽全力摆脱它们。然而，如果我们的元认知信念认为想法和感受只是想法和感受，它们就既不会伤害我们也不会让我们陷入危险的处境，我们的生活会变得更好！

这样我们就可以走出焦虑。因此，元认知治疗的一个目标就是改变这种信念：想法和感受是危险的。

下一页的插图展示了触发性想法发展为焦虑症状或无焦虑症状的路径。我们的元认知信念决定了我们如何应对想法以及会产生何种结果。

触发性想法
- 要是发生令人不快的或者我不希望见到的事情怎么办?
- 我的担忧对我有害吗?
- 要是我的感受和压力导致血栓或让我精神失常怎么办?
- 我的强迫性想法会导致我不希望见到的事情发生吗?

元认知信念
我害怕我的想法、感受和担忧具有危险性,会伤害我和他人。

元认知信念
我的想法、感受和担忧是无害的,不会伤害我和他人。

策略
我为我的危险想法和担忧而担忧;为了克服强迫性想法而做出强迫行为。

策略
我知道我的想法和感受是存在的——它们被允许存在。但是我不害怕它们,我也不会因为担忧而担忧。分离注意对我来说变得更容易了。

持续焦虑症状
我无法集中注意力,心不在焉,恐惧,紧张,感到压力,内心不安。
诊断:焦虑症,强迫症,创伤后应激障碍。

无持续焦虑症状
我的想法和感受可以自我调节,我的生活质量得到了保证。

一步步质疑想法的危险性

为了质疑关于想法和感受危险性的元认知信念,我们集中看看 3 种最常见的对我们造成阻碍的信念。我们的目标是不去

回应想法和感受,限制使用 CAS 策略。这 3 种信念是:

1. 担忧会对我的身心健康造成损害。
广泛性焦虑症患者通常拥有这一信念。它在其他焦虑症形式中也会出现。

2. 强烈的感受会对我的身心健康造成损害。
这一信念出现在所有形式的焦虑症中。

3. 想法有一种特殊的力量,或者是危险的。
这一信念会出现在强迫症患者身上,他们在强迫行为上花费很多时间。

我想先阐释一下前两种危险信念,然后再阐述一下第三种信念会对强迫症患者产生何种影响以及我们该如何处理它。

危险信念 1:"担忧会对我的身心健康造成损害。"
严重担忧令人极度不适,是我们不希望见到的,但它并不会对我们的身心健康造成损害。

注意两个基本认识:第一,没有理由害怕担忧——担忧的内容(比如"我得癌症了吗")虽然可能是真实的,但是担忧不是焦虑的理由。第二,对危险的恐惧会引起新的问题——对恐惧的恐惧(双重恐惧)会加重焦虑。

毫无疑问,尽管我们会因为担忧产生强烈的压力症状,但是这不会使我们生病。尽管强烈的感受会引起极具威胁的、明显的症状,例如脉搏加快、不安、心跳加速,但是不会对我们的身心健康造成持续危害。

我经常听患者说,他们害怕因焦虑引起的脉搏加快会导致血栓和脑梗死。对于这种情况,我通常会提到运动。我们都知道身体活动和运动有多么重要。问题是,从脉搏的角度来看,什么行为会对身体造成更重负担,担忧还是运动?当人们受困于焦虑并感受到由其引起的精神紧张时,他们自然会相信担忧和恐惧更加危险。

约瑟芬来我这里就诊,因为她害怕担忧会损害身体健康,尤其是心脏。她曾经有过几次焦虑发作,发作时心跳加速,以至于她认为有必要服用镇静药。她想要避免因心动过速引发心肌梗死。她坚信是担忧让脉搏加速的。她不再运动也不过性生活,因为她认为这些活动会让她疯狂想起焦虑发作时的状态。

我把刻度尺放在约瑟芬面前,让她评估一下自己的情况。她在多大程度上坚信当她因为担忧而脉搏加速时会出现心肌梗死?约瑟芬标注了70%。

我们一起检验了这一信念。我问她,在她看来,什么会对她的心脏造成更大负担,担忧还是运动?担忧,她毫不犹豫地回答。于是我测量了约瑟芬的脉搏,并让她在10分钟内尽可能地去担忧。我要求她动用全部精力,以前所未有的程度地去担忧。她的脉搏每分钟多跳了 5 次。之后，我们在她运动时做同样的试验：她在 5 分钟内在楼梯上跑上跑下，然后我重新测量她的脉搏。此时脉搏发生了明显变化，与静息时相比每分钟增加了 30 次。最后，我们又测试了约瑟芬在运动 5 分钟且同时担忧的情况下会不会心肌梗死。她虽然还是有些怀疑，但也认识到了，她的信念只会加剧她对焦虑的焦虑。因此她全身心地参与到实验中去。结果证实，担忧完全不会像运动一样让脉搏加速如此明显。她不会"担忧到心肌梗死"。

这时约瑟芬对于担忧危险性的信念还剩下 10%。她在反刍时间里继续这项试验，尝试最大限度的担忧是否会引发心肌梗死。下一次，她在刻度尺上标注了 0%。

我们的大脑就是用来处理担忧的。我们的心理可以承受悲伤、喜悦、苦难、恐惧等强烈的感受。正因为所有这一切我们才能够被称作人——我们是有思想、有感受的生物。理性和感性是我们区别于其他动物的两大特征。就像前文提到的，担忧是一种生存策略。当人类生活在自然界中并依赖自然而生时，对食人猛兽的攻击、潜在疾病以及敌对部落的袭击保持担忧是最基本的生存之道。我们的祖先很好地运用了检查潜在危险这一手段，他们更早地认识到了其重要性并活了下来。如果上百万年来人类赖以生存的策略会有损身心健康，那这该是一种多么差的构想。

　　研究还发现，不时地受到挑战并不会损害我们的身心健康。如果你生活在一个无菌环境中，很少接触外界，你的免疫系统就会变弱。因此，为了保持免疫系统的最佳运作状态，我们必须使自己暴露在细菌和病毒中。

　　对我们的身体来说也是同样的道理。我们为了保持健康和活力而运动。虽然运动有时会导致扭伤或者其他小伤病，但它们都会痊愈。没有人会因体力消耗后可能出现的症状而避免运动。

　　对于精神疲劳时出现的症状来说依然是同样的道理。大脑是有弹性的，也就是说，它可以改变自己的运作习惯。即使我们因为过于担忧（比如害怕出现注意力涣散、记忆力丧失等认知限制）而出现多种症状，这些症状也只会持续很短的时间，并不会成为持久状态。如果我们能够分离注意，我们的身心就会自我调节。

　　当我们不再害怕焦虑和精神压力的时候，焦虑就会消失。约瑟芬的故事就是一个很好的例子。她的经历证实了2016年发表于著名科学杂志《柳叶刀》(*The Lancet*)上的一项研究结果。这项研究表明，过于担忧、悲伤和不幸福的人的死亡率并不比快乐的人的死亡率高。也就是说，精神压力和死亡率没有必然联系。

切勿混淆不适状态和有害情况

焦虑和其他极少被视为具有危险性的强烈感受一样，是无害的。一个人会因为爱情苦恼而心肌梗死吗？会因为思念而脑出血吗？会因为内心不安而患上癌症吗？会因为双手颤抖而失去理智吗？

不，当然不会。所有这些状态都是令人不适的，但是都不会造成持久的损害。担忧和恐惧也是一样。它们只是感受，只是身心痛苦。只要我们不去回应，且不过度使用CAS策略，它们就会自我调节并且消失。

我想讲一个我诊所里的例子：莉泽洛特对待工作非常认真，最近因为接管了生病同事的工作而非常疲惫。她日夜都在工作，变得越来越易怒和不在状态。在她终于可以休息几天的时候，她出现了未曾有过的症状。她心动过速，整个身体都在颤抖，在付账时突然想不起来银行卡密码了，这让她非常恐慌。我出问题了吗？我的心脏受损了吗？最后会心肌梗死吗？我疯了吗？在她加速思考潜在危害和恶化情况时，她的担忧也随之增加。她不再关注工作，而是关注工作对自身健康的危害。她害怕会因此死去或者担忧会常态化，她害怕自己再也不会恢复正常了。

她担忧工作中的任务,同时也为这些担忧的危害而担忧。最后她请了病假。

根据威尔斯和马修斯的研究结果,莉泽洛特无意识运用的这些策略都会引起焦虑症状。这些策略正是认知注意综合征所包含的4种不当策略——担忧、反刍、危险检查、回避特定场景以及反复确认。

莉泽洛特整天都沉浸其中,灾难性想法不断地折磨她。"我要是有一天忘了去幼儿园接孩子怎么办?我要是出了意外,又想不起我丈夫的电话号码怎么办?"

她的注意力一直围绕着灾难性想法,她开始测试自己的记忆力:"我上学时最好的朋友生日是哪天?我曾祖母的名字是什么?我的车牌号是多少?"她持续地思索自己的事,分析所有场景和对话。她去看医生,想要弄清楚心动过速、双手颤抖和胃痛的原因。然而她的状态越来越差了。

当莉泽洛特开始接受元认知治疗时,她发现自己可以借助分离注意来控制使用CAS策略。她认识到自己不必处理大脑中的每一个想法或者感受。她还发现,她的记忆力问题并不是大脑损伤造成的,而只是因为她长期专注于担忧、工作和未来。心动过速也不是心脏病和潜在的心肌梗死的征兆,而只是身体做出的反应,为了给予她完成巨量工作所必需的能量。她不会因为太过担忧而死亡或者发疯。她只是太过疲惫,精神极度紧张。

▶ **自我测试**

担忧是正常的吗

当一个人患上焦虑症时，他就会想象其他所有人都在无忧无虑地生活。恰恰是这种感受加剧了他的忧虑。"我真的是世界上唯一一个如此担忧的人吗？"

答案很简单，不是这样的。每个人每天都或多或少会担忧。这对于那些没有焦虑倾向的人也是一样的，甚至那些几乎不焦虑的人有时也会因为担忧而失眠。对于家庭问题或者财务状况的担忧以及对于争执和个人问题的担忧是完全正常无害的。它们不会对我们产生什么危害，只是会分散我们的注意力，降低我们的生活质量。但如果因为这些担忧而担忧，就会有产生焦虑症的风险。

为了有意识地正确看待担忧的力量，你可以做一个小练习：在周围没有焦虑症的人中选出5个人，问他们会不会担忧。然后你就会明白，即使是平常从来不谈论忧虑的朋友和家人也会担忧。

危险信念2："强烈的感受会对我的身心健康造成损害。"
你的感受既不会让你生病也不会杀死你。

像其他感受一样，焦虑也可能会压垮我们。过于强烈的感受是令人恐惧的，尤其是当身心都对其做出反应时。但是，不管是在身体层面还是精神层面，这种感受都不会对你产生危害。焦虑并不比悲伤等其他强烈的感受更具有危险性，人类生来就要应对它们。

亨利克担忧一周内出现多次的严重焦虑发作会让他患上其他疾病，所以他来到了我的诊所。焦虑的危害已经很明显了，他出现了"神志不清"的症状。

为了证明亨利克的焦虑感受无害，我们做了一个测试。首先，我们通过一个小试验检验一下强烈的感受是否损害了他的精神健康。他要和我说相反的话。我说"黑"，他说"白"。我说"右"，他说"左"。我说"南极"，他说"北极"。我说"富有"，他说"贫穷"。这都没有问题。然后，亨利克要进入担忧状态，在体内激发强烈的焦虑感，我们再在新的状态下做一遍这个练习。

对于从没有过焦虑状态的人来说，轻易唤起强烈的感受听起来非常奇怪。但是对于那些每天都在为了控制和抑制这些感受而斗争的人来说，他们可以在最短的时间内唤醒它们。

当亨利克进入不安和紧张的状态时，我们又做了一遍这个检验精神功能的练习：北极－南极，富有－贫穷，强大－弱小，冷－热。这次也没有问题。亨利克没有被焦虑压垮，他的大脑也没有崩溃。他的神智像之前一样清晰敏锐。因此可以得出结论，强烈的感受可以使人受到震动，但它们是无害的，不会让我们精神失常。

危险信念 3:"想法有一种特殊的力量,或者是危险的。"
焦虑想法是令人不适的,但想法自身没有力量。

在本章开头,我提到了 3 种危险信念,前两种最常出现在社交恐惧症、健康焦虑症、惊恐障碍、创伤后应激障碍或者广泛性焦虑症患者身上。第三种危险信念——想法有特殊的力量,则主要出现在强迫症患者身上。他们并不过分纠结于担忧,而是更多地被不希望出现的强迫性想法所累。他们坚信这些想法是危险的,因为它们的存在会使糟糕的事情发生。

在治疗强迫症的过程中,我们通常在第一次治疗时就会谈论这些想法。

我要在此强调很重要的一点:产生很多想法是完全正常的,即使它们是奇怪的、不合适的。我们的大脑从早到晚会冒出最多 7 万个想法,无论我们是否希望如此。

许多非强迫症患者也暗中相信想法的力量。我们对恐惧抱有敬畏之心,努力避免用狂妄自大和过度乐观挑战命运的安排。但是,"想法具有特殊的力量"的信念会以不同的方式对我们造成阻碍。因为不敢对自身健康状况过于乐观,我们也许会坚信自己患上了严重疾病,这让我们更加担忧。

▶ **自我测试**

你相信想法的力量吗

你可以用以下的小练习来检验自己对想法力量的相信程度。

在纸上写下：我的丈夫在周六中了彩票。我猜这对你来说是很容易的。

再写下：我的丈夫今天在车祸中去世了。这对你来说没有那么容易了，对吗？

写下第二句话对大多数人来说会带来不适。尽管我们知道，这两句话只是写在纸上的字。这些字本身是没有力量的，也不会以魔法般的方式对未来产生影响。

在这几年里，我发现，相较于在夜晚睡梦中产生的担忧，强迫症患者会更加担忧自己白天产生的想法。到目前为止，我遇到的所有强迫症患者都坚定地认为，大脑会在睡眠中制造古怪的情景。当我和他们谈论这些梦的时候，我们甚至会因为这些梦的"无厘头"程度而大笑。但是，当这些"无厘头"的想法在白天出现时，情况就截然不同了。因为患者与这些想法建立起了复杂的、令人疲惫的关系，赋予它们非常重要的意义。这些患者无法像对待夜晚出现的想法一样去对待白天出现的想法。

每个人的大脑都会产生奇怪的想法，即使是在白天。大约80%的非强迫症患者也会定期产生自己不希望出现的强迫性想法。有些人站在站台上时会想："我要是控制不住自己跳到铁轨上怎么办？"这个不合时宜的想法也许会引起胃部刺痛，但是它不会造成长期困扰。人们会把关注焦点转移到别的事物上去，继续进行这一天："今天晚餐做点鸡肉吃。""这周末做点儿什么好呢?"

在这里,我们的元认知信念就会起作用了。它们决定了我们是否认为这些想法是危险的,是否可能造成令人痛苦的、违背本意的后果。这些信念也决定着我们是否主动采用 CAS 策略(担忧、反刍、危险检查、回避或者自我麻痹)来处理想法。追逐所谓安全感的绝望之旅最终会通向与想法的无尽斗争之中。因为即使我们长时间翻来覆去地思考,像"我得癌症了吗?"或者"要是我的孩子开始吸毒了怎么办?"之类的令人恐惧的想法也丝毫不会减弱。如果你相信这些想法的存在具有让其成为现实的力量,那你一定会想克服它们,并且为了让内心回归平静而向周围的人反复确认。在致力于寻找和提升安全感的过程中,你会在应对想法和试图消灭它们上面花费很长时间。

对于焦虑症患者来说,他们无法不去回应这些想法。相反,他们会竭尽所能,用各种各样的强迫行为来驱逐和消灭这些想法。在此,我想再次使用"被按在水下的球"这一比喻:一旦压力减少,也就是做出强迫行为后,那些不受欢迎的想法又会再次出现在我们的意识中。如果想法是中性的,危险信念就很容易改变,人们也很容易脱离"想法拥有特殊的力量,会产生神奇的影响,或者会造成危害"这一设想。然而,如果想法是带有强烈情绪的,情况就完全不同了。这时,强迫症患者总是会做出强迫行为以缓解不适感。分散注意力的策略是多种多样的:数数,反复确认和证实一切顺利,或是身体活动（比如打扫卫生）。只有在将数字数完，频繁地确认一切顺利，或是将屋子收拾得干干净净的时候，他们才会感到平静和放松。

有3种所谓的"思想融合"（thought fusion）可以用来描述想法的力量。融合意味着将想法和在现实世界中发生的事结合起来。

我会简要介绍这3种类型，并阐述我们如何在元认知治疗中对其发起挑战。

1. 思想－事件融合："我想什么，什么就会发生。"

有些患者坚信某些想法会产生可怕的后果。一些人害怕未来会出现的某些场景，另一些人则认为过去的特定场景就是由他们的想法所引发的。一位患者告诉我，他无法摆脱"我的孩子要死了"这种想法，因此每时每刻都处在恐慌之中。为了从脑子里赶走这个想法，他用尽了一切办法。因为他坚信不这样做的话，这个想法就会成真。

我想介绍的另外一个例子是弗雷德里克的。关于同性恋的想法一直折磨着他。他与深爱的女友生活在一起并且希望组建家庭。在这种情况下，关于同性恋的想法是极不合适的。弗雷德里克认为自己受女性吸引，但是关于同性恋的想法让他怀疑自己是否真的是同性恋。"也许我一直在压抑这种想法？我曾经被男人所吸引吗？虽然我完全想不起来，但这完全是有可能的。"他每天花很长时间来推测他存在同性恋倾向的可能性，一直观察自己在街上遇到女性时会不会产生性冲动。如果会的话，他就松了一口气。但是不一会儿，之前的想法就又回来了。

他使用CAS策略的目的是反复确认和证实自己是异性恋。可惜这些策略起到了反作用：它们引起了新的焦虑症状、强迫性想法和更多的怀疑。弗雷德里克明白，如果他不赋予这些想法如此重要的意义，他就可以更轻易地忽视它们。因此我们决定检验一下想法的力量。想法可以改变我们的偏好吗？想法可以改变一个人的政治立场、最爱吃的菜和性取向吗？弗雷德里克对此表示怀疑，立刻认识到这之间没有必然联系。他喜欢吃肉丸，因此我给他布置了一项作业：通过想法的力量把他对肉丸的喜爱变成厌恶。我要求他每天对自己说"我无法忍受肉丸"这句话。但是，这没有改变任何事情。弗雷德里克还是和之前一样，觉得肉丸超级美味。

弗雷德里克明白了肉丸练习的目的，但是同性恋想法给人的感受是不一样的，那是更为强烈的、"特殊的"想法。他的下一个任务是借助想法的力量改变他的性取向。他要每天允许自己产生与同性恋有关的想法，并给这些想法添枝加叶，一周之后再检验一下自己是否对男人更感兴趣。弗雷德里克感到自己的性偏好没有发生任何变化。他确定自己的想法不会改变他的性取向。这个练习让弗雷德里克摆脱了他的信念，即仅凭想法的力量就可以或可能改变一些事情。从此，他就能够更加轻松地忽视这些不受欢迎的强迫性想法，放弃使用CAS策略了。弗雷德里克现在还是一如既往地会产生奇怪的、不合适的想法——像我们所有人一样，但是他不会再为此采取任何行动了，并由此避免了强迫症。

▶ **自我测试**

这突然就合我的口味了

如果你坚信想法的力量，那你可以通过这个小测试尝试用想法的力量改变你的偏好。这个测试可能听起来很好笑，但是它背后的理念是很严肃的。这个测试适用于各种"充满力量"的想法。

我们假设，你不喜欢吃煎肝。准确地说，你无法忍受它。你认为想法的力量可以让你喜欢上煎肝吗？持续一周对自己说"我爱煎肝，我爱煎肝"，想象它很美味，然后在第七天给自己做一份煎肝当作晚餐。你现在觉得它好吃吗？你通过想法的力量改变你对这种食物的态度了吗？

▶ **我们在实践中是这样做的**

剥夺想法的权力

强迫症患者深信想法的力量和权力。他们的信念是，仅仅是想法的存在就可以导致事件的发生——这被称为思想-事件融合。在元认知治疗中，我们通过"想法的魔力"试验来挑战这一信念。

在一次团体治疗中，我要求患者们将全部注意力集中在

"我会在此地此刻突发严重的心肌梗死"这一想法上,时长 10 分钟。我和他们一起坐在桌子边,一动不动,以便他们在想的时候能够一直看着我。

有时让一群人一起行动起来是很难的,但是到目前为止我都成功做到了。即使试验过上百次,我仍然非常健康,没有发生心肌梗死。

2. 思想 – 行动融合:"如果我这样想了,我也会这样做。"

有些强迫性思想具有暴力性质,患者认为想法会迫使他们做出不符合自己价值观和理想的行为。袭击他人、跳楼、服用兴奋剂或者掐死某个家人,这些都不是病态的想法,但如果人们纠结于这些想法"否则会变成行动"并试图消灭它们,他们就可能产生强迫症或者持续焦虑。玛丽安娜是我的患者之一。起先,她为自己初为人母而高兴。但没过多久,她开始认为自己会用刀割断自己尚在襁褓中的孩子的喉咙。这个想法让她惊慌失措、十分恐惧。她怎么能有这种想法呢?她爱孩子胜过一切。她变得恐慌不已,总是观察周围是否有刀,并且拜托丈夫把所有刀都藏起来。当玛丽安娜来到我的诊所时,她已经被这一想法折磨许久了,几乎不敢和女儿独处。

她想成为一个好妈妈,好好照顾女儿。虽然她知道,到目前为止,关于杀死孩子的恐怖想法不会引发相应行为。"但是我还是避免和她独处或者接触刀具。"她的想法会违背她的意志变成暴力行为这一信念助长了她的焦虑和担忧,也促使她使用 CAS 策略。当我问她,如果这些想法被证实完全没有危险,这对她来说意味着什么。她说:"这会让我如释重负,我可以将它们当作背景杂音而不再理会它们。"

为了消除她这一信念,我们做了一个小试验。我们挨着彼此坐在桌子边。我把手和小臂放在桌面上。玛丽安娜拿着一只圆珠笔,笔尖对准我的手心,然后动用所有精神力量,设想她将这支笔戳进了我的手里。她全神贯注,却没有戳进去。她的想法没有导致行动。"但是这个想法给我的感受和关于我女儿的想法不同",玛丽安娜这样向我解释。因此我又让她以女儿为对象做了一次练习。第二次治疗时玛丽安娜把女儿带来了,重新拿起了圆珠笔,同样还是没有戳进去。这次玛丽安娜的想法也同样没有导致行动。玛丽安娜意识到,她的想法无法改变价值观,也不会促使她行动,这些想法是无害的。从此,这位新晋妈妈开始练习分离注意,逐渐摆脱了不当的 CAS 策略。

3. 思想-物体融合:"我的想法会转移到物体上。"

有些强迫症患者坚信,想法和感受会转移到物体上。我们都熟悉护身符,也会在特定场合中将毛绒玩具视作吉祥物。但是这一信念也有消极的征兆,比如有些人相信某些衣服、房子、食物是不干净的,或者象征着不幸,会将不幸传染给其他人。有一次,一个少女来找我治疗。如果她对某件衣服产生负面想法,就绝不会再次穿它。她强迫父母给她买新的衣服。和其他信念一样,"想法和感受会转移到物体上"的信念每天会消耗她几个小时的时间。负面想法控制了她的行为,严重降低了她的生活质量。

迈克是这种不可思议的思想融合的另一个案例。他强迫自己每天多次洗澡，尤其是在出过门后。如果肮脏的人碰了他的衣服或者物品，他绝不会再次穿这件衣服或再次用该物品。比如，如果来访者抠了鼻子，他就会强迫自己扔掉所有这个人接触过的物品。他无法忍受关于人类分泌物的想法，光是设想衣服上有污垢就推定它已经不干净了。我们用一个实验检验了这种信念。迈克拿来了两只完全相同的袜子。一只干净的，一只脏的。我拿着它们藏在背后，然后不停交换，直到迈克分不出我哪只手里拿着哪只袜子。现在，迈克需要借助想法的力量找出那只脏袜子。他做不到。他一次又一次地选错。这个实验的目的不是像认知治疗那样，让他直面恐惧，而是消除他对于"想法会转移到物体上"的信念。即使他的大脑认为，一把椅子、一辆自行车或一只袜子被人体分泌物污染了，现实也并不一定是这样。这个实验帮助迈克认识到，他不能信赖他的强迫性想法，也不必严肃对待或者遵从它们。

"这会杀了我！"

什么东西是真正有致命危险的？我向强迫症患者提出这个问题。他们赋予灾难性想法以特别的力量。在治疗过程中，他们认识到，自己的想法无法预知未来，并且像所有其他想法一样不会带来危险。癌症、飞机坠毁、核战争以及石棉，这些只是我们每天面对的无穷无尽风险中的一小部分，只要我们还活着。我们还会对其他成千上万的危险感到担忧，只是因为我们的大脑在不停地处理强迫性想法，而这些想法并不意味着真实的、罕见的风险。

莉兹贝特也在我这里接受治疗。她患有强迫症并且十分害怕误食有毒的食物。为了摆脱这种想法，她必须每天把所有食物检查一遍。然而有一天，她开车轧死了一只猫。她之前从未想过自己会撞到动物或人，尽管如此，这还是发生了。

我的另一位患者莫娜恰恰苦于这种强迫性想法。她害怕撞上动物或人。每当她开车经过小坡或者不平路面时，她都必须停下来检查一下路况，以消除任何顾虑。这种强迫性想法越来越严重，以至于让她无法开车了。然而有一天，她去餐馆吃饭，却不幸食物中毒了，必须看急诊。在此之前，她从未想过食物中毒这种危险的潜在性。

这两个故事告诉我们，我们不能依靠触发性想法来提醒自己注意实际风险。

对积极想法的焦虑

在这一章里，我阐述会引起焦虑的想法时几乎只谈到了消极想法。当然，一些人对积极想法也会感到焦虑。我们都知道敲三下木头以求吉利的习俗。"幸好我家没人得癌症",一个朋友说着赶忙敲了三下桌面。敲木头可以中和我们积极想法的"负面影响",即过度消耗好运从而招来厄运。

我还遇到过一些焦虑症患者,他们只有在状态良好的时候才会出现焦虑,在状态不佳的时候,他们反而感觉最好。他们似乎不敢享受一段过长的幸福时光。因此,他们在幸福时刻总会出现这样的触发性想法:"为什么我一下子感觉这么棒?""要是幸福戛然而止,我又回到现实怎么办?""这是平行世界还是现实?""我根本不配这么幸福!"如果人们过度纠结于这些想法,他们肯定很快就会感到紧张和不安,回到不适的、令人害怕的——但起码熟悉的状态中去。

对积极想法的焦虑主要会出现在害怕生病的人身上。他们回避对自身健康的积极想法,以示对命运的顺从。我就有过这样一位患者。博迪尔曾经尝试过多种治疗,每次都可以短暂地缓解症状,但是病情总是反复。这是有理由的。每当她敢于认为"我很健康",焦虑就会立刻出现,她害怕这种积极的想法会使她生病。她被迫运用所有 CAS 策略让自己重新害怕生病,从而关心自己的健康状况。在弄清她对积极想法的恐惧之后,我们测试了这些想法的力量。我要求博迪尔在下一周中积极地看待自己的健康状况:"我不会得耳炎。""我的眼睛没有任何问题。"每过一天,她都发现自己并没有生病。这些积极的想法没有导致健康问题。她没有回到熟悉的焦虑状态和健康焦虑症的起点，而是在治疗中逐渐康复了。

▶ **总结**

我们这样处理"想法、感受或担忧是危险的"这一元认知信念。

- 对这一信念进行识别，找出危险之处：担忧、特定的想法或感受是危险或有害的吗？还是说它们拥有特殊的力量？
- 在0%～100%的刻度尺上标出信念的强度。
- 分析收集到的经验和知识：有多少人真正受到了伤害？我们自己受到伤害了吗？
- 通过行为实验来体验想法、感受和担忧的无害性。比如患者通过尽可能多的担忧来观察自己是否会昏倒、精神错乱或出现血栓。强迫症患者通过激活强迫性想法来检验自己不希望发生的事情会不会发生（融合信念）。
- 在心理诊所之外的熟悉环境中继续检验信念。
- 反复在危险性刻度尺上进行标注，记录变化情况。

❖ **梅特的案例："我告别了多年来的坏习惯。"**

梅特，31岁，律师，已婚

以前我下班之后总是去森林里遛狗，彻底地梳理一天中发生的事情、接受的任务和挑战。

当时，我坚信这样做是对我有益的。首先，我去户外呼吸了新鲜空气；其次，我致力于理解自己的想法，使自己平静下来，梳理并检查了大脑中的事情。通过元认知治疗，我认识到这恰恰会起反作用。我完全无法控制想法，而我所认为的自由空间也并不存在。相反，这增添了我的压力和焦虑。

我一直都是一个控制狂，一个要把所有事情做到完美的人。工作中我们有一个小团体，我们玩笑般地将其称为"匿名工作狂小组"。我们对所有事情负责并认为自己必须解决所有问题。然而问题在于，我们无法完全按照自己的设想解决问题。我们一直在反思这个问题，沮丧不已。我能在一大堆任务中看出问题并立刻认为自己应该采取行动。因此，在工作时我一直处于解决问题模式。

但是，随着问题越来越多，我的工作长期处于缺乏组织的混乱状态。工作压力非常大，氛围也很差。我越来越感到内心不安，我的大脑里充斥着各种需要处理的想法，以至于我在夜晚无法入睡。有一天晚上，我坐在沙发上，突然感到心跳加速、冷汗直冒，当时我真的很害怕。第二天早上我请了病假。为了学会在工作中说"不"，我已经接受过一次治疗。人事部门建议我再接受一次元认知团体治疗。因为我的症状表明，我已经身处患上焦虑症的边缘了。

我抱着怀疑的态度参加了第一次治疗。我认为，同时治疗焦虑症患者、抑郁症患者以及身心耗竭综合征患者是很不严肃的。尽管我没什么兴趣在一群陌生人面前坦露个人想法和感受,但是当治疗师说"重点不在于分享想法,而在于不去理会这些想法"时,我还是感到很新奇。

我原本期待更具体的内容——我希望得到更多摆脱焦虑和压力的工具。我没有看出"什么都不做"背后的意义。

在第三次治疗时,我开窍了。我们做了一大堆小纸球,并分为两组人,一组并排坐在椅子上,另一组朝他们扔纸球。我疑惑不解地坐在椅子上。这到底是在干什么?坐着的一组要竭尽全力地躲避纸球。我挥舞胳膊、把头偏向一侧或向前弯腰,以保护我的脸不被击中。这非常费力,同时让人十分抓狂。

几分钟后,练习的内容发生了变化。我们不需要再挡纸球了,只要坐在那里让它们砸过来就好。

这时我明白了这个练习的意义,以及前两次团体治疗中所讲的:对抗想法(也就是纸球)比让它们靠近并砸向我们要困难费劲得多。采取措施对抗想法需要投入一个人全部的能量和时间。如果不去回应想法,我们就节省了时间和精力。

我还学会了用来解释我的行为的词:认知注意综合征化。我一直都认为反复思考并寻找解决办法是有用的策略,我需要以此来消除压力。现在我明白了,这完全会起到反作用——回应想法增加了我的焦虑。我意识到,让我生病的一直都是担忧和反刍想法的数量,而不是它们的内容。

现在,当触发性想法再次出现时,我不会立刻去检查其中的风险因素,也不再让自己困于担忧之中。

在团体治疗中，我得到了一张印有图例的明信片。每当感觉自己要被担忧吞没时，我就会想到它。我一步步跟着箭头的指引寻找答案，这让我重获理智。要摆脱多年来的坏习惯，是需要很长时间的。

我在元认知治疗中学到了什么

引发梅特焦虑症状的旧策略	梅特克服焦虑症状的新策略
思考方式 我一连好几个小时甚至好几天都在思考我是不是足够好。我因此心动过速，而且在反复思考时更为严重。此外，我还分析了困扰我的想法，并在网上寻找答案和解释。	**思考方式** 当各种想法突然侵袭时，我将其看作一条摆满寿司的传送带。我不必一下子吃完这些寿司。我可以让它们从我面前经过，这完全没有问题。我的想法可以自由来去，而我不必采取行动。
行为 我频繁地散步，希望以此消除想法或者至少能够在安静中思考。我不断加大工作量，变得越来越沮丧，饱受负面反馈的折磨。	**行为** 我不再等待采取行动的意愿出现，而是直接行动起来。我不再允许触发性想法控制我的日常生活和人生。
关注点 我的注意力集中在非常活跃的思考上。我认为我可以通过大量思考来找到解决方法。我关注应该如何改变自己，让自己更受欢迎。此外，我在计划和安排上花费了大量时间。	**关注点** 我通过分离注意和将关注点从内心想法转移到外在事物（比如清空洗衣机、看电视或者其他我正在做的事）上来停止反复思考。我被动地观察想法和感受，不再为它们花费心思，而是接受它们的存在。

关于想法我学到了什么

我明白了想法是没有危险的。我可以主动决定花费多少时间来反刍。我认识到我可以限制自己在处理担忧上所花费的时间。

第6章

与想法对抗是浪费时间
预先思考没有任何作用

我想问问你，在上一周，你成功消除或压制触发性想法的概率有多高？你担忧的频率有多高？比如："我要是没法和新同事好好相处怎么办？""要是验血结果显示我胆固醇高怎么办？""要是我的儿子在放学路上和朋友一起骑车时不注意安全怎么办？我不能这么想，不然我明天就得陪他回家。""要是在金婚纪念日当天下雪，路面结冰很滑，我没法开车该怎么办？"

你有多少次成功摆脱了这些想法？这些担忧让你更明智了吗？它们使你和家人、朋友更加亲近了吗？你找到这些"要是……怎么办"问题的答案了吗？

我们要在元认知治疗中处理的第三种也是最后一种元认知信念是：CAS 策略是有效的，严重担忧、危险检查、反刍、压制或者改变想法、回避特定场景，其目的都是消除不适感。

对我来说，99% 的担忧、危险检查和回避不适想法完全没有任何效果，我没有因此而感受良好。它们只是花费了我的时间。

我曾经认为，如果我更多地思考、更好地为应对未来的困境（比如面试、考试或约会）做好准备，我就会获得更多成功。在我的脑海里，这种对话会持续数小时："他会这样这样说，我就会那样那样回答他……"我想把所有可能出现的场景、我的回答和反应都预演一遍。这样做是为了掌握多种对话模式，从而能够以最佳方式应对不同情境。这种精神上的准备让我清醒，尤其是在约定会面或考试的前夜。

但是，我经常发现我准备了错误的问题和对话，因为现实往往与我想象的完全不同。这也就导致了我压力越来越大、愈发疲惫和不在状态，最后变得麻木。

"小规格"的担忧

我们很早就学会了思考并担忧很多事情。在电视新闻和报纸上，我们看到记者向专家提出的问题："有理由因为夏季温度过高而严肃思考并担忧气候变化问题吗？""有必要因为大城市中群架现象的增加而担忧吗？"上学时，我们被要求分析各种文章，从哲学角度探究我们在世界中所处的位置。

我们走到哪里都会被要求思考和反思事物。我们也由此将自己定义为有思想的生命体——人。对于思考我们没有任何异议，但是思考的效用与其程度和消耗并不一定成正比。毕竟，没有事情会因为我们担忧、思考得更多而变得更好。如果我们思考过多并持续在大脑中就一些问题自言自语，我们就不会精神丰盈，也不会活在当下；我们会缺席生活，产生一系列不必要的症状，如压力、紧张、疲惫。没有人会仅仅因为花了几个小时思考问题和分析选择而患上焦虑症。只有当回避或分析想法成为一种习惯时，才会产生患焦虑症的风险。这会让我们付出生活质量降低的代价。

我的患者们说，日常生活中非常现实的困难和不安全感驱使他们反刍："为什么我不像伴侣那样受到尊重？""为什么我没有受到邀请?"他们想通过思考找到答案和解决办法。但是,问题是双重的:第一,他们很少能找到答案;第二,关注自己的担忧只会导致筋疲力尽和睡眠问题。然后新的担忧又会产生,人们又开始担心自己的睡眠障碍会导致注意力困难和工作能力降低。

我的大多数患者都对他们的担忧持矛盾态度。一方面,他们在治疗中认识到担忧只会加剧焦虑症;另一方面,他们所熟悉的担忧会带给他们安全感和控制感。许多人停止担忧、不再焦虑后,新的、不适的触发性想法还是会出现。"要是不再焦虑,我会变成什么样的人呢?""我要是痊愈了,就能够满足周围人对我的期待了吗?""要是我在产生触发性想法前完全没有做准备怎么办?""要是我因为没有在大脑中预演而无法克服下一个情感挑战怎么办?"你完全没有理由害怕关于未来的触发性想法,而是应该用与处理其他想法相同的方法去处理它们,无论感受有多么强烈、想法的轰炸有多么猛烈。当你断开注意力时,精神和思维会进行自我调节。

认知注意综合征策略会带给你什么

总的来说,我的所有患者都在第一次谈话时表达了自己坚定的信念,即他们无法控制担忧和对其他 CAS 策略的运用。其中一半的人相信想法和感受是危险的,还有很多人毫不怀疑CAS策略（担忧、反刍、危险检查、回避）的作用。也就是说，他们都遵从第三种元认知信念。

元认知信念3："担忧、分析、探究都对我有所帮助。"

我们想要测试一下患者对第三种元认知信念的相信程度。他们需要在此前已经熟悉的刻度尺上标出他们对CAS策略有用性相信程度的数值。

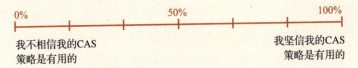

如果经验证明，对潜在问题做出充分准备是一种有用策略，人们就会理所当然地认为自己需要保持担忧、做出详细计划。思考会让人感觉自己可以对糟糕情况做出防范，从而掌控现在和未来。

但是人们必须为此付出高昂代价。

想象一下，一位保险经纪人向你推销一款覆盖所有项目的全险。"真的覆盖所有项目吗？"你怀疑地问。他向你列举：疾病、火灾、抢劫、霉变、垃圾处理、汽车、狗，甚至包括不可抗力因素！这听起来太棒了，但好像不太真实。这确实无法实现，因为这个保险无法估价。

当你试图通过反刍制造安全感和控制感时，道理也是同样的。一方面，生活中一直会出现你无法预见和预演的场景；另一方面，你会错过意外的机会（一班公交车、一场面试、一个约会，等等），因为你把它们列为可能"失败"的高风险事项。你产生了精神上的症状，持续地焦虑，所有这些都以你的生活质量为代价。

根据我的经验，所有支持 CAS 策略有用性的论点都十分相似，其中最常见的就是以下 10 种看法。

1. "把所有事情都想清楚会给我可控感。"

预先思考和担忧会给人一种可控感，因此是有益的。我们认为这样做可以更好地掌控令人不快的处境。我们的生活口号是"安全胜过遗憾"——宁愿留在安全之地，也好过事后追悔莫及。

为了避免潜在问题，有很多人过度担忧安全问题、财务状况、人际关系、未来发展和疾病，无论这些问题影响的是他们自己还是其他人。健康焦虑症患者会一直检视自己的身体，寻找身体的异常情况，以便在不可挽回之前发现危险信号。这种做法是有问题的，因为我们的身体每时每刻都在发射无数信号。只要我们活着，我们就一直会有或大或小的身体异常，比如心律不齐、暂时性手臂麻木或者突发性胸闷。然而，绝大多数症状都没有特殊意义。

为了挑战"担忧会带来可控感，因此是有用的"这一看法，我们可以向自己提出以下问题：我从何而知这些担忧是重要的？我从何而知偏偏这一担忧是有现实意义的或者这些症状是危险的？在这里，我想再提一下上一章中莉兹贝特和莫娜的经历，她们一直在回应"颠倒"的强迫想法。没有人可以100%确保自己确实将时间花在了至关重要的担忧上。

我想再讲述一个发生在我诊所里的悲喜交加的例子。乔纳斯不断被关于财务状况的担忧和想法折磨，因此在无计可施之下前来就诊。他每天都要花好几个小时为钱发愁，反复推敲解决办法。有一天，他在过马路时又产生了关于财务状况的触发性想法，然后被一辆完全没有声音的电动汽车撞倒了。幸运的是，他伤势不重。此前他从未担忧过自己会被电动汽车撞上，他一直只认为关于财务状况的担忧才是有用的、有意义的。

担忧就是浪费时间。它夺去了我们的生活乐趣，却还是无法阻止危险或者糟糕的经历。

2."思考让我为一切做好准备。"

通过针对特定情况下所有可能出现的场景做全面计划，我感觉自己做了最充分的准备。如果我更好地做准备（准备会议或者项目展示），我就可以表现得更好，更少犯错。这就是第二种看法所要表达的内容。在与上司谈话前，我在大脑里把所有可能的谈话过程都过了一遍，以便能够控制谈话的方向："他会说……然后我就说……"这就像在准备一场由无数问题组成的考试。你无法知道上司到底会说什么，因此，你不会知道你是否把时间浪费在了为错误场景做准备上。没有任何证据显示,大量的反刍会帮助我们预见危险和未来会出现的问题。

许多人都认为,如果我们提前做好最坏打算,就可以更好地应对灾难。然而,真相却是,当最坏的事情发生时,我们还是会悲痛不已,不论我们之前是否已经花费了很多时间来思考它。唯一的区别在于,担忧降低了我们的生活质量。

3. "思考可以处理我的创伤。"

几十年来,心理学家和治疗师都在建议焦虑症患者与他人讨论自己的问题。因为这会让身心放松,将封闭在过去的感受和创伤释放出来。这是很好的建议,事实也确实如此。和熟人、朋友或治疗师探讨自己的问题会让我们感觉更好。打开心扉对我们有好处。但是,过多地谈论问题并不是应对焦虑最好的方式。恰恰相反,在问题和旧的精神冲击上花费过多时间和精力可能会使我们的精神状况更加糟糕。

4. "担忧让我充满同情心和关怀。"

"我担心我最爱的人,因为我爱他们。我是一个热切关怀他人的人,其中就包括为他人担忧。"但是事实真是这样吗?非常容易忧虑的人比不那么容易忧虑的人更加关心别人?我猜不是这样。长达数周的、被负罪感裹挟的思考或者数小时的反刍几乎不会让我变成一个更有爱心、更愿意陪伴支持所爱之人的人。在很大程度上,反刍会起到反作用:"要是我的儿子刚拿到驾照就出车祸了怎么办?要是我女儿考试不及格怎么办?要是我丈夫癌症复发怎么办?"在一定程度上担忧别人是完全没有问题的。但如果它一发不可收拾,就会导致一系列问题:我们会变得紧张不安、患上睡眠障碍并时刻感到焦虑。

最好的关心永远体现在行动上。你的儿子更愿意开车带你兜风,而不是一直听你唠叨他到底有没有小心开车。在你花几个小时担忧你的丈夫工作太多、没有好好吃饭、运动太少的时候,他更想要一个充满爱意的拥抱和一句"我爱你"。

5."担忧让我积极地行动起来。"

一些人认为,我们不积极地行动起来,是因为我们并不担忧贫穷、气候变化或环境污染之类的问题。他们混淆了担忧和行动,然而这两者并无必然联系。恰恰相反,如果我们放任对气候变化的担忧剥夺我们的时间,我们就会产生焦虑症状,失去行动的力量。

我们每天都很活跃,即使没有预先考虑或者反复权衡利弊,我们依然会坚持刷牙、整理洗碗机、晾晒洗好的衣服。

必要的和充满关怀的行为并不需要数小时的准备和无休止

的思考。我们只需要实实在在地行动起来。如果要把所有事情思考一遍,那我们只会变得被动从而无法行动。

6."担忧增强了我的记忆力。"

患者和一些熟人经常告诉我,每日计划和待办事项清单能够使他们放心,因为他们能够借此掌控事情,不会遗忘它们。我理解这一点。尤其是当一个人处于压力状态时,他很容易就会忘记最琐碎的事情,因此制作这样的提醒清单是非常有吸引力的。但是这一策略有一个副作用,就是从长期来看会引起更多的焦虑。写一个待办事项清单,然后在日历中标出重要的日期,没人会反对这么做。然而,如果我们每天都为了辅助记忆而在制订计划上花很长时间,就会削弱对自己记忆力的信赖程度。如果不过度思考和担忧,我们就可以从与他人的交往中收获更多东西,并赢回我们的认知能力。我要求患者挑战他们的记忆力,放弃使用待办事项清单。

7."担忧是我性格的一部分。"

担忧是我们性格中的一部分。我们害怕放弃担忧,因为它和我们的完美主义挂钩,放弃担忧会使我们完美完成任务的能力消失。元认知治疗不是让我们对各种任务持一种无所谓的态度,或者不再以高标准完成任务。我们可以保持高标准,努力扮演好母亲、员工和朋友的角色。拼尽全力并没有错。只有当我们太过担忧时,问题才会产生。这与我们取得成功与否无关。解决的办法并不是降低抱负,而是学会减少担忧。

换句话说,为了无忧无虑地生活,我们无须做出妥协。压力和焦虑与远大的抱负没有关系,但与我们花费在思考上的时间有关,尤其是在我们还没有成功的时候。

在治疗中人们认识到,当事情不是尽善尽美时,要减少对它的反刍。学会只在反刍时间(每天固定的半小时)里恼火,然后就停下来,因为长时间生气并不能阻止错误发生。最坏的情况是,这会破坏我们的情绪,降低自我价值感。哪怕最好的情况下,这也是浪费时间。不论我们是否因为自己现在的错误而长时间地恼火,我们依然都会在未来犯下不可预见的错误。

人类是习惯性动物。我们反刍、分析、产生强迫想法、到处寻找潜在危险,因为我们已经习惯这么做了。但是,它们只是我们一直不愿放弃的坏习惯,尽管事实证明它们对我们并没有帮助。如果学会放弃这些习惯,我们就会为一个不那么焦虑的自己创造新的空间。然而,这有时也会导致新的担忧:"我的家人会接受这个新的我吗?""那在闲下来的时间里我该做什么?"每一步改变都是沉重的、辛苦的,我非常理解这些担忧。但是,改变永远是可能的,我们只需要把自己从大脑中解放出来,然后投入到生活中。不去理会触发性想法,不要一直维护它们。

8."反刍让我获得洞察力。"

分析、思考所有事情会让很多人感到安心。我们认为,只有相信某个想法,我们才能认识到这一想法的意义;只有彻底思考某个想法之后,我们才能结束这个想法。但是,长时间的分析经常是完全没有必要的。我们在反复担忧上花费了太多时间,却很少觉得自己变得更好了,反而缺席生活,变得更焦虑。不论我们的忧虑是否有理有据,反刍只会助长我们的焦虑。即使我们发现自己的担忧毫无根据,我们还是会认为反刍是有用的。反刍后的平静只会持续很短时间,因为我们马上又会把这一策略运用到下一个问题上。

创伤后应激障碍患者认为,填补记忆空白的方法非常有效,只有当他们解锁了创伤中的所有细节后,大脑才会获得宁静。健康焦虑症患者坚信,只有当他们分析了自己的身心状况、检查了所有的异常情况后,才能获得洞察力。问题在于,这些策略都无法提供一个永远有效的答案,因此只能暂时缓解焦虑。

9."检查危险给我安全感。"

在过马路时四处张望是正确且有意义的。这一逻辑也可以用来解释这一现象:一些人只有反复权衡风险才会有安全感,然后才敢迈进生活——既是字面意思也是引申含义。但是,过度的检查和无尽的危险搜索具有回旋镖效应，比如会增加对社交的恐惧。莉泽洛特就是一个例子。她曾经遭遇过抢劫，为了避免再次被抢劫，她总是一刻不停地回头看。但是这种持续的检查只会让她不得安宁——她时刻处于警戒状态，就像机场的安保人员一样，必须检查所有的过路人，不管他们是否行为异常或神色紧张。只有在家的时候，她才能放下戒备。持续戒备会给一个人带来安全感，但是也会起到滋长焦虑的反作用。

10."强迫性想法带给我平静。"

强迫症的一部分就是产生强迫行为。这会给予强迫症患者不可思议的安全感，但不会持续很长时间。随后患者必须产生新的强迫行为。这些强迫行为加剧了强迫症。一些强迫症患者对于放弃强迫行为的想法充满矛盾，因为他们无法承受因此而产生的失控感。尽管强迫行为会耗费大量时间、降低生活质量，但是它们仍具有巨大的吸引力，因为它们能给人带来平静——即使是短暂的。

权衡优点和缺点

不是所有强迫症患者都相信以上 10 种看法。但是下页表格里所展示的内容适用于所有焦虑症患者。

看完这个表格，你立刻就会发现，CAS 策略的缺点明显多于优点。它们给人一种可控的错觉，但实际上没有人可以预知自己将会面临什么样的挑战。我们知道的是，这些不当策略会使我们焦虑不安，降低我们的生活质量，使我们与他人的亲密交往更加困难。

CAS 策略的优点	CAS 策略的缺点
• 更好地做出准备 • 更好地控制事态发展 • 担忧会带来控制感 • 反刍会立即带来平静和安全感	• 压力 • 恐惧 • 不安 • 疲惫 • 失眠 • 注意力障碍 • 头疼 • 减少社交和亲密关系 • 从长期来看会使焦虑症、强迫症和创伤后应激障碍持续下去

这个表格清楚地告诉我们，我们为控制感、安全和可预见性的错觉付出了过高的代价。

许多患者很难放弃"担忧有助于预见未来"的信念。我让他们做了一个小实验，以检验他们的担忧会起到的效果。我请他们每天早上写下所有担忧的事，然后第二天划去确实发生了的事情。这个小练习表明，大多数的恐惧和担忧纯粹是浪费时间。我的治疗经验表明，人们的担忧和恐惧最多有 10% 会变成现实。

我想给你讲一个例子：迪特一直在思考并担忧疾病、冲突、人际关系、工作和未来。她练习分离注意并成功了，但她还是无法放弃"担忧有用"的信念。毕竟，担忧有助于她为各种灾难场景做好准备。因此，区区半小时的反刍时间让她感到不安。一个半小时会不会更好？或者两个半小时？这样她就可以思考得更彻底了。我们一起完成了一个担忧表格，以此来检验担忧的有效性和作用。迪特的担忧有多少会在第二天里得到证实呢？

迪特的担忧	哪些担忧得到了证实？
• 要是我忘了设闹钟怎么办？ • 要是闹钟坏了没有响怎么办？ • 也许我不只是感冒，而是得了绝症？ • 要是市中心堵车，我上班迟到了怎么办？ • 要是同事都忽视我，不跟我一起吃午餐怎么办？ • 也许我今天没办法完成所有的工作…… • 要是我儿子出事了怎么办？ • 也许我的丈夫心情不好，我们会吵架吗？ • 要是我朋友的孩子胎死腹中怎么办？ • 要是我今天晚上又失眠了怎么办？	• 我的丈夫心情不好，我们吵了一架，但是又和好了。 • 我无法很好地入睡。

迪特发现，她的 12 个担忧中只有 2 个变成了现实。

我们质疑了担忧的有用性之后，我请我的患者重新在刻度尺上标注评估结果。几乎所有人都同意这些想法完全没有用。

▶ **自我测试**

我的担忧有用吗

写下你对一个具体场景或特定话题（比如即将到来的聚会）的所有担忧。

- 要是我迟到了怎么办？
- 要是没有人跟我打招呼怎么办？
- 要是我谁都不认识怎么办？
- 要是……怎么办？

聚会结束，回到家之后，再看看你的担忧列表，数一数有多少担忧变成了现实。你迟到了吗？你谁都不认识吗？有多少担忧只是纯粹在浪费时间？

▶ **总结**

我们这样探究"担忧有用"这一元认知信念。

- 在 0%～100% 的刻度尺上标出信念强度。
- 收集这些耗费时间的担忧和想法的优点与缺点。
- 通过行为实验检验 CAS 策略的有用性，比如有多少担忧会成为现实。
- 反复在刻度尺上进行标注，记录变化情况。

❖ **林妮的案例:"当触发性想法出现时,我就转移注意力。"**

林妮,28 岁,卫生与社会服务从业者,有男朋友

治疗师在第一次元认知治疗时就问我:"你可以在多大程度上控制你的担忧和想法?"我觉得这个问题很奇怪——很明显我无法控制它们。一直以来我都感觉自己不够好,都在纠结于我无法做到什么事、无法成为什么样的人。"你不够好。你不够聪明。没有人爱你。没有人需要你。"如果我想着这些事——事实上一直都是,我就会陷入其中无法自拔。我花费几个小时思考为什么我不够好、为什么我这么笨,还经常产生自杀的想法。我尝试了所有可能的药物,为了预防惊恐发作,我很早就开始服用镇静药了。

因此,当治疗师问我能否控制并随时停止反刍时,我清楚地回答"不能"。我当然做不到!想法会将我淹没,我只能被迫做出反应。

但是,经过 2 次治疗之后,我认识到了元认知治疗的重点:我可以选择不去理会想法并且转移注意力。一个小练习给我留下了非常深刻的印象。我被要求不去想粉红大象。这幅画面一旦出现在我的脑中就不可能再抹去了。粉红大象就坐在那儿,尽管我用尽所有方法驱赶它。这个练习证实了我的 CAS 策略并不起作用,即使我用尽全部策略也无法消除想法。在治疗中我学会了转移注意力,不去理会触发性想法。

当"你不够好"的触发性想法出现时,我就会环顾四周,然后大声对自己说"看看这草地多绿啊"或者把注意力转到我当时看到的其他东西上。目的不在于消除触发性想法。它们可以存在,但是只能留在后台。触发性想法就如同人们在交谈时听到的交通嘈杂声。我把注意力放在谈话上而不是杂音上。这听起来很简单,但是学会它需要一定的时间。

我和治疗师谈了很多关于我想法的事。以前我试图禁止自己产生负面想法。我曾认为我不能考虑自己做不到和不想做的事,这些想法是危险的,会使我生病。但是治疗师告诉我,拥有这些想法并没有错,它们不会造成什么后果。她问我:"有没有你完全无法忍受的食物?""啊,抱子甘蓝!"她又问我:"你认为厌恶抱子甘蓝的想法应该消失吗?这种想法不能存在吗?"这是一种有趣的启发方式,由此我认识到,想法并无危险,它们可以存在。我只需要把关注焦点从想法上移开。我将每天晚上6点至7点定为反刍时间。在这一个小时里我允许自己沉浸在思考里。但是,我很少使用这一个小时,它总是被我忘在脑后。

我认识到了负面想法是无害的,我不必做出应对——我不必为了让它们消失而思考、回避它们或者与其抗争。我成功了——我不再对抗想法了。现在我精力十足,找回了生活的希望。

我在元认知治疗中学到了什么

引发林妮焦虑症状的旧策略	林妮克服焦虑症状的新策略
思考方式	**思考方式**
我经常会产生这样的想法:"我不够好。"这又会引出别的想法:"我会把所有事情都搞砸,我不属于这里。"我只关注负面的事情,尤其是我的错误。我会一直想着它们然后责怪自己:"你还是老样子。"	现在我还是会产生"我不够好"的想法。但是我知道我不用做出回应。它们只是想法。比如我和男朋友吵架后,我还是和以前一样感到痛苦。但是在我们谈心之后,我不会停留在这种感受上,而是转移我的注意力。
行为	**行为**
我只是不停地反刍,完全失去了对全局的把握。最后,我感觉家门变成了一堵我永远无法穿过的隐形墙。我不再去上班了,而是整天躺在昏暗的房间里。我害怕男朋友因此觉得我懒。这种恐惧让我陷入了一种困境,他回家时我就会号啕大哭。	所有事情都改变了。我学会了把想法推迟到固定的反刍时间里。但是,我经常会在晚上6点的时候忘记这些想法。我也不再反刍没有被满足的期待了。我还是会有这些想法,但是我不去理会它们。现在我不把全部精力耗费在想法上,我有了多余的时间和精力去做其他的事。
关注点	**关注点**
我曾经关注我的想法和不符合我期待的家庭。我努力向周围传递出"我不好,我需要关心"的信号。	现在我把注意力都集中在行动上——我的工作,和我的狗阿尔巴一起散步,或者和朋友共度傍晚时光。

关于想法我学到了什么

以前我一直希望能够控制我的想法,现在我知道了,我并不需要这样做。我可以控制自己要不要给想法"浇水"——花费时间保养和维护它们。

第 7 章
放开你的焦虑,你会自我修复的

当治疗开始时，我问患者："你今天有什么目标？"他们的回答通常是，希望能够度过没有焦虑的一天。虽然这是可以理解的，但我并不推荐他们设立这个目标。如果一个人首要追求的是摆脱令人不快的想法和感受，他就没有多余的精力留给生命中最基本的事情：享受每一天，去爱，和所爱的人共度美好时光，去工作，去从事自己的爱好。

我在前文中讲过莱拉的故事。她的儿子患有癫痫，她每天（准确来说是生命中的每一天）的目标都是保护她的儿子。她的想法一直围绕着儿子的病情以及对于癫痫发作的恐惧。她所有的注意力都放在了儿子的症状上。她是一个充满关怀的母亲吗？是的，绝对是。但她真的尽到了责任，并在感情上与儿子同在吗？不，可惜并不是。莱拉的例子很好地展示了焦虑症患者最常落入的陷阱之一。

每日目标（或者人生目标）可以为人们指引正确的方向。但是，如果我们将回避危险、疾病或问题作为首要目标，又或者我们更关注通过呼吸练习、分散注意力、回避等策略来调节神经系统、摆脱焦虑，我们就无法全心全意地投入生活。我们会失去对当下的关注，无法清晰地追寻我们每天的目标并投入到生活中去。我们会试图一心二用，但这是不可能的。

什么是比避免焦虑更好的目标？享受生活。把注意力放在生活中有趣的、有挑战性的和平常的事情上，和周围的人真正地交流。

我们总是会读到这样的报道：病危的病人不顾疾病和恐惧，依然怀有对生命的喜悦。不久前我就结识了这样一位女士。她患了癌症，病得很重。但是她和自己相处得很融洽，对我和我的生活也很感兴趣。她选择了生活，全身心地感受生活。这虽然不会让她痊愈，但是大大提高了她的生活质量。

一步步走进生活

我知道，把注意力集中在外部的生活上，减少对自己想法和感受的关注，这听起来容易做起来难。对于大多数人来说，这是一个很大的挑战，需要多多练习。我会鼓励每一批接受团体治疗的患者放开焦虑，一步步赢回对生活的主动权。

为了让生活更好地开始，我们可以制订一个计划，在日常生活中设立更好的目标，用新目标取代仅仅意在回避焦虑的旧目标。

首先，你要估计一下自己可以在多大限度上不去理会想法。焦虑症患者几乎或完全不能对触发性想法和感受听之任之。因此，反复强化这种体验是很重要的。接受过认知治疗的人都知道焦虑等级结构（引发焦虑的触发性事物的集合）。这是一个模型，让人们逐步面对可怕的情境并习惯它们。元认知治疗的重点则在于通过直面这些情境来重新获得对自己的 CAS 策略的控制。

拉尔斯的治疗计划就是一个很好的例子。他害怕被封闭在火车、地铁之类的公共交通工具里。我们根据焦虑等级一起制订出一个逐步对抗治疗计划。

- 乘坐10分钟火车
- 然后乘坐20分钟火车
- 再乘坐30分钟火车
- 最后乘坐40分钟火车

在乘坐火车的过程中，拉尔斯要练习分离注意。当然，他会感到紧张，大脑里充满触发性想法，但是他不应该做出回应，不应该处理、驱赶它们。他的任务就是把注意力转移到其他事物上。他可以享受窗外的风景，倾听旁人的聊天，或者感受火车在铁轨上发出的咔嗒声。

每一次坐火车，拉尔斯都发现，即便触发性想法会引起不适，他仍可以控制注意力并由此控制担忧。

我们可以在压抑想法的同时享受生活吗

关于这一点，我想和你分享一下路易丝的故事。这是一个让人心情沉重的故事，但结局是好的。路易丝在聚会结束回家的路上遭遇了袭击。她报了警，凶手被抓住了。但直到凶手被审判，路易丝的状态一直都很糟糕。她无法入睡，也无法清晰地思考。

这件事过后,她和身边的人都希望她能够恢复如初,然而事与愿违。路易丝不停地思考:"这一切为什么偏偏发生在我身上?我之前在什么地方见过凶手吗?""为什么我不记得我之前在哪里见过他?我要是不独自回家就好了。我什么时候才能恢复到和从前一样?"

路易丝非常害怕这样的事情再次发生。她不再参加聚会,不再独自出行;没有人陪伴的时候,她大多数时间都待在家里。她的恐惧让她更加敏锐地审视周边环境。她发现了什么威胁吗?人们都在奇怪地打量她吗?她曾经是一名充满快乐的大学生,现在却聚焦于潜在危险和与此有关的想法,失去了对身边人的信任,也失去了生活乐趣。

在路易丝的案例中,袭击这一外部刺激所引发的想法让她运用了不当应对方法并导致了焦虑症状。在其他一些案例中,这些策略的运用可能是由像强迫性想法一样的内在影响所引起的。但是,我们始终可以认识到的是,我们能够忽视想法——不论是现实的还是荒谬的想法,让它们自我调节。焦虑永远只有一个焦点:自己的想法,无论触发性想法是关于所有人都可以理解的内容(比如袭击、疾病、死亡)的,还是关于所谓的非理性恐惧(比如害怕失眠或者空旷的广场)的。

在前面几章里,我阐述了如何通过减少忧虑、反刍和身心检查来降低焦虑程度。

在我的诊所里、在熟人和朋友中间，以及在同事和其他元认知治疗师中，我一次又一次地体会到，如果我们放弃自我剖析，停止内在审视，把注意力集中在生活里真正重要的事情上，我们就能活得更健康，重获高质量的生活。这些重要的事情可以是人际关系、一个意义重大的任务、一项创造性的工作。当我们不再被焦虑、恐惧和过度警惕所阻碍，我们就可以去做那些为之心动、对其充满力量的事。

倾听生活的声音而不是焦虑的声音

最好的生活是怎样的？我认为，没有痛苦和强烈感受的生活不是最好的生活。我们每天都在做一些让我们不适的事：看牙医，把蜘蛛清出儿童房，吃抱子甘蓝（食堂提供的菜品）。我们的身体是活跃的有机体，每一分钟都在经历上千次波动起伏。如果我们非常准确地倾听和感受，我们就能注意到这些波动。但是，我们没有理由夸大这一过程。我们不应该过度地关注自己，以至于因为每一个微小的起伏而紧张不安，在焦虑中生活下去。

关于压力的研究表明，伴随着压力的有意义的生活比没有压力的无意义的生活更加健康。从这一结论里我们也可以得到有关焦虑的启发。当我们要决定是否接受会带来焦虑的梦想工作时，我们一定要选择接受这份工作！要敢于去做，而不是只是试图逃避焦虑。

路易丝很快就认识到，她的危险检查行为增加了她的焦虑。但是她无法停止这种行为（不可控性）。我们通过在市中心散步检验她的这种信念。在前 5 分钟里，她要一如既往地扫描环境中存在的潜在危险。她的搜索天线早已打开，因为监测模式对于她来说已经是一种常态了。之后，我要求她注意其他路人的鞋子。她觉得这同样很简单。把注意力转移到面包房、行道树和货运自行车上对她来说也没有困难。

通过这项小小的练习，路易丝认识到她可以调控自己的注意力。她可以决定是否持续搜寻潜在危险。她认识到，监测模式不是不可控的行为，而是一种可控的灵活策略。这个练习的目的当然不是让路易丝将危险检查行为变为对面包房的观察，而是改变她无法控制自己想法的元认知信念。现在她认识到，她的确可以控制自己的想法。

不再焦虑的未来

就像这本书开头所提到的那样，焦虑症患者数量多得惊人。2016 年，丹麦有超过 1000 人因为焦虑症而提前退休。在德国，精神疾病也越来越成为丧失工作能力的原因之一。令人不安的统计数字对社会产生了深远影响——劳动市场、学校、卫生部门，更不要提患者因此而遭受的巨大痛苦。

目前，在焦虑症治疗中投入使用的治疗方法和药物已经让一些患者走出了疾病，同时缓解了很多人的症状。但是，我们可以通过元认知治疗取得更显著的效果，最大限度减少长期焦虑。

阿德里安·威尔斯教授在 2009 年出版了一本手册，介绍了如何使用元认知治疗来治愈焦虑症和抑郁症。在此之后，多项关于这一新型治疗形式效果的研究相继发表。所有这些研究都记录了元认知疗法对焦虑症的卓越治疗效果。在 2011 年进行的一项大型比较研究中，**91%** 的广泛性焦虑症患者被治愈。这一结果极具说服力，促使英国卫生部门自 2015 年起推荐使用元认知疗法来治疗广泛性焦虑症。不久前发布的一项大型荟萃分析显示，元认知疗法在治疗焦虑症和抑郁症方面似乎比认知治疗更有效。

在元认知治疗中，患者可以学会对焦虑的助燃剂——担忧、反刍、危险检查和回避置之不理。令人不适的想法和感受会不停地出现在我们的生活中，有时声势相当浩大。这会引起焦虑，并让我们怀疑：我们还会不会好转？我们还能够变回原来的自己吗？如果我们学会让它们独自喧闹，不在与其的斗争中用尽我们的所有弹药，而是让本就可以自我调节的神经系统去自我平复，我们就可以摆脱焦虑。

在我还小的时候，爸爸总是跟我说："皮亚，别去动屎，你越动它，它闻起来就越臭。"我们可以就让它留在那儿。不停地动它是一个不当的策略——一个阻碍美好生活的坏习惯。你有力量，也有权利去改变这个习惯。你可以做到。怀着轻松的心情让焦虑飘过。焦虑想法应该安静地待在角落里喝牛奶咖啡。而你该在生活进行的地方——你之外的世界中享受它。

现在把这本书放在一边

我在这一章里反复提到，运用各种策略和辅助手段只会维持我们的焦虑症状，尽管我们的本意是想摆脱它们。因此我想在此强调，我的书不应该成为又一种辅助手段和工具。

我很看重的是，你只把这本书当作一种陪伴。你可以通过这本书认识和练习元认知治疗，或者借其重温治疗内容。这不是一本在触发性想法和焦虑症状出现时用来消除疑惑和不适的工具书。我非常希望它可以启发你，让你能够在症状出现时分离注意。总之，现在把这本书放在一边。你不需要"侧轮"的辅助。你现在就可以做到。

附录 A 焦虑症

健康焦虑症、社交恐惧症、强迫症、创伤后应激障碍、广泛性焦虑症、考试和成绩焦虑、惊恐障碍……焦虑的类型多种多样。它根据我们所选择的关注点以不同的形式表达出来。健康焦虑症患者害怕出现重大疾病的所有迹象，但不会因为新的社交而不安；害怕社交的是社交恐惧症患者。广泛性焦虑症患者对所有事情都感到焦虑，但主要会对自己的焦虑感到焦虑。惊恐障碍患者的症状是突然的惊恐发作。

尽管焦虑症的表现形式不同，但是它们都有同一个原因：过度地纠结于自己的想法、感受和身体症状。研究证明，我们的思考模式都很相似，因此思考的内容并不重要（不论是害怕生病、与他人相处时感觉不适，还是不安、心动过速或睡眠问题等症状），关键在于，是过度的思考导致并维持着焦虑。

因此，我们在元认知治疗中使用同一种治疗理念来应对所有焦虑症形式：对用于处理和监控想法的时间加以限制。我们的目的是减少 CAS 策略的使用，学会分离注意，减少用于反刍、危险检查等策略的时间。因为只有在这种情况下，一个人的心理才有自我调节的可能。

在下面的概述中，我汇总了各种焦虑症并罗列出它们各自典型的触发性想法和 CAS 策略。

健康焦虑症
(又称疾病焦虑症，之前也叫疑病症)

当然，几乎所有人都会考虑自己的健康问题。"我健康吗，还是生病了？我对现在的生活质量满意吗？"我们关注身心发出的信号，是因为它们可能指向身体或精神上的疾病。但如果一些人想得太多、过于担心，他对健康的关注就会变成健康焦虑症。

触发性想法 疾病的症状和迹象。
- 我感到胃部有奇怪的压迫感——我得癌症了吗？
- 但愿我足够警觉，没有忽略任何重病的迹象。
- 我的邻居得癌症了，医生发现的时候已经太晚了，无法治疗了。
- 我认为我不能信赖这个医生。我最好再听听别人的意见。

担忧 严重的、致命的疾病。

反刍 生活质量降低是由身体的众多症状和对症状指向的不确定导致的。

危险检查 为了发现可能存在的症状而高频地检查身体状况。比如每天多次触摸胸部检查是否有结节，或者密切关注环境中的卫生隐患。

不当应对方法 经常看医生，和医疗卫生行业的熟人谈话，定期和家人讨论焦虑和疾病。长时间地坐在电脑前，以免错过任何一条关于疾病的信息，将信息和自己的症状进行比较；或者采取相反的做法，避免接触关于疾病的任何信息。

现实案例

乔纳斯患有健康焦虑症，非常害怕得结肠癌。他整天都在担忧，每天都检查椅子上有没有血迹，并关注自己消化方面的细微变化。他还因为担心自己的健康而定期看医生。虽然他并不喜欢那些检查，包括结肠镜检查，但是阴性结果每次都会给他带来安慰。然而，安慰的持续时间不会太长，触发性想法和怀疑很快又会卷土重来：也许他忽视了结肠癌最早期的症状？没有人可以保证他不会在结肠镜检查后马上患上结肠癌。

乔纳斯在元认知治疗中学会了分离注意。他摆脱了众多忧虑，把每天的反刍时间减少到了半小时。如今，乔纳斯还是会有关于结肠健康的触发性想法，但是他不会再花费数小时沉浸在思想旋涡里了。他不再想太多，从而摆脱了健康焦虑症。

社交恐惧症

所有人都是社交动物。自人类诞生开始，参与共同体就是生存所必需的。对于大多数人来说，与他人毫无情感交流地共处是十分困难的。因此我们会努力行动起来，使自己融入社会和文化共同体。如果一个人感觉自己被共同体排斥，无法在其中自由生活，感到自己处在不恰当的位置、尴尬又不适，担忧想法就会演变成社交恐惧症。

触发性想法 自己的行为举止以及别人的看法。
- 要是我开始结巴或者说些让人费解的蠢话怎么办？
- 要是别人能看出我的恐惧怎么办？
- 要是我看起来很奇怪怎么办？我最好不去了或者请病假。

担忧 奇怪的表现，别人的意见和想法，对社交拒绝的恐惧。

反刍 对于尴尬、令人不适的社交事件进行事后反思，分析自己的古怪行为，试图通过制订计划避免类似事情再次发生。

危险检查 非常关注自己的社交行为。对自己的外表、行为、感受以及他人对自己的认知保持强烈警觉。

不当应对方法 害怕在人群中受到关注，迫切需要时刻检查自己的外表和行为。把自己的手藏起来，以免被人发现它们在发抖。直勾勾地看着对面的人，以免被人注意到自己的眼皮在跳动。在气温25℃的日子里还穿着高领毛衣，以免被人发现自己脖子上的红斑。

现实案例

玛琳是因为社交恐惧症来接受治疗的。她花费很多时间思考并担忧她的外在表现:"要是我说了奇怪的话怎么办?或者我脸红了怎么办?"这些焦虑使她不安,让她在社交中更加紧张,而紧张的情绪反过来又会加剧她的焦虑。为了避免这种感受,她通常会用迟到来回避上课时或工作上的问候环节,这样她就可以快速地加入群体,简单地说一下自己的名字,然后解释说会议早就开始了,自己就不浪费大家时间多做自我介绍了。

当玛琳和他人在一起时,她的想法只围绕着自己的表现。她没有丝毫多余的空间和精力去关注别人的想法和生活。这种过度的自我关注加剧了她的焦虑,让她越来越难以承受。一方面,她会在一场活动或会面前思考所有可能出现的场景;另一方面,她会在事后分析自己的错误:"我又太紧绷了吗?有人注意到我有多紧张吗?我说了一些让人尴尬的话吗?"反刍击倒了她,使她勇气全无。

在参加过一次团体治疗后,她发现她可以控制自己的注意力并限制反刍——不论是在社交前、社交中还是社交后。

惊恐障碍

惊恐障碍患者会在没有客观现实危险的情况下突然被惊恐

发作所侵袭。这种急性焦虑发作可能引起身体上的症状，比如眩晕、剧烈腹泻、呕吐。患者还会出现眼前发黑、心动过速、膝盖发软的症状。惊恐发作时患者仿佛只有两个选择：战斗或者逃跑——而且是立刻。因此，为了确保生存，身体会为快速逃离危险源或战斗成功提供最大的能量输出。

触发性想法

- 我心肌梗死发作了吗？
- 我现在立刻就会死吗？
- 要是这种发作再次发生怎么办？

担忧 发作的诱因、持续时间，以及可能出现的再次发作。

反刍 生活质量以及从事其他活动的可能性受限。

危险检查 持续检查自己是否出现焦虑迹象，以及家庭、工作、朋友圈中有无惊恐发作的诱因。

不当应对方法 惊恐发作往往非常剧烈，患者通常需要看急诊或住院治疗。因此，为了避免刺激其再次发作，许多人会避免额外的负担，比如运动、工作中的挑战、特定的地点或引发焦虑的场景。

现实案例

吉塔患有惊恐障碍。几年前，焦虑从天而降。一天，在下班回家的路上,她突然感觉很糟糕。一些工作结构上的调整使她的工作量剧增,压力很大。她一直认为自己属于公司里抗压能力比较强的员工,直到这一天,她毫无预兆地眼前发黑,害怕自己没法安然地回到家了。医生对她进行了检查,告诉她,这很有可能是惊恐发作。这次经历彻底颠覆了吉塔的生活。她害怕惊恐再次发作,因此她决定请一个长假,之后彻底减少自己的工作量。此外,她时刻检查自己是否出现了与惊恐障碍有关的身体征兆。她分析了自己第一次发作前几天的情况,试图精准地找出这次发作的诱因。为了做好最充分的准备,她在网上搜索并收集关于"惊恐发作"的所有信息。她观看纪录片,阅读此类文章。为了克服压力、避免再次惊恐发作,她练习冥想等放松技巧。

尽管如此,惊恐还是一再发作,而且是多次出现。吉塔无法确认也无法查明这背后的原因,她有时在家里发病,有时在超市购物时发病。她很害怕惊恐发作,这种恐惧让她放弃了所有可能给她造成负担和压力的事情。她不再打扫卫生或在花园里停留,也不敢再去超市,而是让丈夫去采购。这些发作令她沮丧,同时使她非常焦虑。为什么它们偏偏发生在她身上?她现在到底应该怎么做?如果她无法控制这一切,她的心脏能否承受?或许她会因此发作心肌梗死?

开始接受元认知治疗后,吉塔找到了焦虑不断加剧的原因——她只关注自己。她每天检查身体是否异常,是否出现预示惊恐发作的症状。当她发现自己的身体状况确实有所变化时,她的担忧有时会迅速发展为惊恐发作。她在治疗中学会了分离注意、摆脱自己的想法。她还认识到她可以控制并减少担忧。她的焦虑不会杀死她,也不会对她造成伤害。经过几次治疗后,吉塔克服了她的焦虑,摆脱了对于惊恐发作的恐惧,学会去享受生活。

广场恐惧症
(害怕离开家去人多的地方)

离开家,走到街上和广场上,这对于大多数人来说都不是难事。一些人会避免在晚上独自出门,或者在不熟悉的环境中会更加小心,除此之外没有什么障碍。但是对于广场恐惧症患者来说,情况就完全不同了:他们害怕离开家,害怕待在开放广阔、人潮拥挤的广场上。他们害怕自己无法逃离。统计数据显示,广场恐惧症患者经常也患有惊恐症。对出门在外、孤立无助的恐惧会引发惊恐发作。

触发性想法
- 要是我在人群中被挤得无法呼吸怎么办?
- 要是我很难受,没有人帮我怎么办?
- 要是我很难受而又离医院太远怎么办?
- 要是我昏倒了,不能打电话叫救护车怎么办?

担忧 害怕以下情形中的至少两种：人群、公共场所、独处、离开家。

反刍 生活质量下降。

危险检查 持续检查自己离家有多远。确保一直有可以帮助自己的同行者。检查自己的身心状况。

不当应对方法 广场恐惧症患者回避在家以外的地方活动、独处，以及待在人潮拥挤的大型公共场所。典型的补偿手段如：同时拥有多部手机、一直确保出行有陪同者，以及通过酒精和毒品抑制焦虑。

现实案例

维克多突然就害怕去森林里遛狗了，尽管多年来他一直这样做并且十分享受这个过程。这种恐惧出现在他首次吸食大麻之后。虽然之后他再也没有吸食过任何毒品，但是他对于心动过速、呼吸困难以及不真实的身体感受的恐惧一直无法消散。他回避去森林里遛狗，选择了交通繁忙的旧路线，以确保自己在晕倒时能及时得到救援。维克多还很担忧焦虑会在多大限度上影响他的生活质量。他在出门前必须做呼吸练习或服用镇静药。他每天早上都检查自己的身体状况和睡眠情况。之后，他还要查看一下手机上的健康和睡眠应用程序。然而，维克多为了克服焦虑所做的努力起到了反作用。每一次发现自己身体存在异常或者深度睡眠不够长时,他都会问自己还敢不敢去遛狗。毕竟,睡眠不足使他更容易生病,可能让他晕倒在路边。

在元认知治疗中,维克多学会了放弃他用来抑制焦虑的策略以及危险检查,转而使用更有效的策略:他不去理会自己的想法;他关注生活中更重要的事,而不是只忙于避免焦虑。这些策略十分有效,不久后,他又可以在寂静的森林中散步了。

广泛性焦虑症

担忧、精神紧绷、紧张不安是很自然的感受和感觉。只有当它们控制了我们的生活,驱散了我们的欢乐,降低了我们的生活质量时,才有可能引起广泛性焦虑症。对于日常事件的担忧持续 6 个月以上并且出现了不同的身心症状后,它们才会被诊断为广泛性焦虑症。焦虑涉及生活的方方面面,而不是对于某一种特定威胁的反应或者局限于特定的事物及情境。在丹麦,大约有 2%～4% 的人会在一生中经历广泛性焦虑症,男女比例相同。

触发性想法
- 要是发生危险怎么办?
- 要是我必须经历恐怖袭击(重病、死亡、财务问题、事故)怎么办?

- 我是不是太过担忧了，我会因此而生病吗？

担忧 同时担忧所有事情：财务状况、健康状况、人际关系、恐怖袭击危险、环境污染。广泛性焦虑症患者也会担心自己思考过多。这会造成严重的分裂状态，因为这些担忧是根植在我们人类的生存策略中的，它们在充满不确定性的童年期是生存所必需的，现在却只会制造新的担忧，担忧自己会因此而得病，比如由压力引起的脑损伤。

反刍 生活质量下降和克服焦虑。

危险检查 关注外部威胁，比如恐怖袭击、疾病和突袭，一些人也关注内在危险——对焦虑的焦虑。

不当应对方法 反复确认和寻求他人的安慰，回避引起触发性想法的情境。广泛性焦虑症患者尝试通过各种方式来对抗担忧：将想法转变为现实的、更具包容性和安抚作用的版本；通过玩手机、听播客和广播等分散注意力的方式来抑制令人不适的想法。

现实案例

麦斯是一位音乐家，他对很多事情都很担忧："要是别人对我的评价不好怎么办？要是我不成功怎么办？"麦斯还担忧女朋友对他是否忠诚。最近，健康变成了他的核心问题，因为与他同岁的表弟死于心脏骤停。一天中的大多数时间，他都在思考这些问题，这让他非常有压力，经常感到精神极度紧绷。麦斯试图通过回避关于死亡和疾病的报纸、电视新闻来控制他的想法，他还请求女朋友每天发短信保证对他的忠贞。然而，所有这些策略都没有起到持久的效果，他的大脑很快又会充满关于否定、疾病和死亡的灾难性想法。

有一天，麦斯得知"持久的压力是危险的"：每年有数千名丹麦人因此死亡。这加剧了他的担忧："我总是担心所有的事，这些担忧让我倍感压力。"麦斯开始因为自己的担忧而担忧。"我会因为担忧而生病吗？我的心脏能承受吗？"双重担忧让他感到异常焦虑，十分绝望。他尝试过远离灾难性想法，但是它们就像被压在水下的球，松开手又会弹回水面。

在元认知治疗中，麦斯明白了，自己可以控制担忧，而不是让它们控制他。他可以分离注意，将反刍时间从每天 16 个小时缩短到半小时。他认识到，自己的身体完全可以承受这些担忧，它们不会对身心产生危害，只是会引起不适。

强迫症

我们所有人都会不时出现强迫行为和强迫性想法。所有人都会产生自己不希望出现的想法，比如担心自己失控后从高处跳下。许多人相信他们可以化解劫难、抵御危险，比如通过敲木头的方式。但是对于有些人来说，担忧会占据上风并引发强迫症，让他们饱受折磨以致无法正常生活。

触发性想法 强迫性想法涉及各种话题，它们通常是不符合自身价值观和目标的。

- 我有恋童癖吗？我令人讨厌（肮脏、恶毒）吗？（如果一个人有这些想法，从逻辑上讲，他一定也会这样做，这就是所谓的思想-事件融合。）
- 我要是做了错误的（不道德的、违法的）事，但是我记不起来了怎么办（不相信自己的记忆力，思想-事件融合）？
- 要是发生了可怕的事怎么办，比如一个我爱的人去世了（思想-事件融合）？
- 要是我做了一些失控的事怎么办——吃兴奋剂、跳楼、伤害我爱的人？
- 我要是把我的负面想法转移到物品上怎么办？比如衣服和垃圾，要是这些东西又会污染其他人并给他们带来不幸怎么办？（如果一个人在触碰一件物品时产生了负面想法，这些想法就会转移到这个物体上，就会变得有传染性——所谓的思想-物体融合。）

担忧 这些讨厌的想法可能会带来可怕的事情。

反刍 自己是否曾做过错误的、不受欢迎的或不道德的事，而自己已经忘记了。

危险检查 持续检查自己是否出现强迫想法。远离它们的愿望却起到了反作用：这些想法就像粉红大象一样，越是努力不去想它，它越清晰地出现在脑海里。越是想要抑制想法，想法就越明显、存在感就越强。搜索环境中存在的危险——刀、药、有可能坠落的高处，检查精神发出的危险信号。

不当应对方法 强迫症患者感觉自己可以借助精神或身体上的强迫行为抵抗具有压迫性的想法和画面。这经常会导致特定行为的发生，比如为了消除自己被污染的想法而过度洗手或清洗衣物。

现实案例

索菲一直有自己是恋童癖的强迫性想法。她非常害怕这种想法真的会让她去猥亵一个孩子，尽管她从未产生过这样的意愿。她无法想象对一个孩子施加此种痛苦，因此她用尽所有办法驱赶这个想法。她背诵格言、数列、歌词和年份。她强迫自己产生"正常"的性想法，以确保自己在性取向上绝不是恋童癖。此外，她避免和儿童直接接触，不再和家族中的孩子共处。

当索菲终于敢于谈论自己的强迫性想法并开始接受元认知治疗时，她学会了分离注意，通过这种方式观察自己的想法，而不去回应它们。她还认识到恋童癖想法不会让她真的去猥亵儿童。思想-行为融合没有发生。这些想法只是她可以干脆忽略的噪声。索菲用想法实验检验了这些想法的危险性。她停留在孩子的附近，允许自己产生并且强化恋童癖想法，以检验她是否真的会做出相应行为。这个实验深刻影响了索菲对这一想法危险性的评估。她没有对孩子做任何事。

当索菲意识到她的想法是无害的、没有强大威力也不会引发可怕的事情时，这些想法就失去了对她的控制。它们还是会继续出现，但是索菲学会了忽略它们。现在她又有了新的力量和能量——关于她的职业培训、人际交往和未来。

创伤后应激障碍

在过去几年里，创伤后应激障碍开始进入大众的视野。对其关注度的增加主要与许多在伊拉克和阿富汗驻军的士兵回国后产生了特定症状这一现象有关。他们出现了所谓的闪回症状，饱受噩梦、焦虑发作和消沉沮丧之苦。然而，患有创伤后应激障碍的不只是士兵。所有经历过创伤（入室盗窃、袭击、疾病等）的人都可能产生相应症状。如果这些症状在创伤经历后的 3～6 个月内仍然存在，就可以被确诊为创伤后应激障碍。仅有极少部分人患有这种焦虑症。但如果将观察对象限制在士兵或灾难受害者等人群，这一比例就会上升（达到 10%）。

在强奸案例中这一数字高达30%。

触发性想法
- 不断出现的创伤经历画面。
- 为什么这偏偏发生在我身上？
- 我当时还能怎么做？
- 我会好起来吗？
- 我要是因此产生慢性损伤怎么办？

担忧 出现的症状和未来。

反刍和填补空白 在创伤经历后反刍是为了理清责任、理解所发生的事并找到意义。这一过程就包括填补记忆空白。不完整的记忆是完全正常的。没有人可以想起所有的事，比如上上周周二下午2点做了什么。创伤后应激障碍患者会集中全部精力创造一条时间轴，并且把它毫无空缺地填满——创伤经历前、中、后的每一分钟。

危险检查 关注周围所有潜在危险。

不当应对方法 避免会引发触发性想法的情境。驱逐关于创伤的想法，用酒精、毒品或其他分散注意力的方式麻痹这些想法。

现实案例

玛丽亚发现她的儿子死在了花园里。他自杀了，吊死在树上。他的死状非常骇人。即使这件事已经过去了4年，这些画面还是会清晰地出现在玛丽亚眼前。同样的想法一直折磨着她："哪些事情我本来可以换一种方式去做？他为什么要自杀？他计划了多久？我要是早点回家能不能阻止这一切？"玛丽亚每天都沉浸在对这些问题的思考之中，尝试填补记忆的空白。在儿子自杀前的几周里，她是不是忽视了什么迹象？为了理清责任，找到一个意义，她不停地反刍。但是这一切都在起反作用，并没有把她从焦虑中解放出来。

开始接受元认知治疗时，玛丽亚被身体和精神自愈原理相同的观点震惊了。皮肤擦伤需要时间、空气和安静的环境来修复，去戳伤口并不会让伤口愈合得更快或更好。精神上的擦伤也是同理：精神创伤必须得到静养。玛丽亚学会了分离注意，允许想法的存在而不去回应它们。她永远不会忘记那些可怕的回忆。它们会永远停留在她的脑海里，成为她的一部分。但是玛丽亚学会了活在当下，不再压抑她的想法或陷入反刍。

词汇表

附录 B

焦虑 一种所有人都熟悉并且经历过的基本感受。焦虑和所有其他感受一样，都是短暂的。如果我们允许它自行调节，它就会消失。但是如果我们抵抗、回避、压抑或麻痹焦虑感（认知注意综合征）的时候——不论是对于具体事物的焦虑还是心理或身体上的不适，我们就是在紧抓焦虑不放。我们通过这些策略强化了焦虑，使它变得更加强烈，最终就可能导致焦虑症。

填空 一种精神策略（也是认知注意综合征的一部分），通过填补记忆中的空白寻找答案。这一策略的目的在于精确地重现创伤经历过程。使用这一策略的人群主要是创伤后应激障碍患者。

思想融合信念 思想融合是关于"强迫性想法是特殊的、危险的或者有魔力的"的元认知信念。强迫症患者经常产生以下融合："我想什么，什么就会发生"（思想－事件融合），"如果我这样想了，我也会这样做"（思想－行动融合），"我的想法会转移到物体上"（思想－物体融合）。

危险检查 持续关注潜在的危险（内在危险：特定的想法、感受或症状；外在危险：他人、情境、地点）。

认知注意综合征 4种策略的集合。每个人都会运用这些策略缓解焦虑，然而这种做法是不利的，因为它会起到反作用：维持压力、紧张和恐惧感。这4种策略是：担忧、反刍、危险检查和不当应对方法。

分离注意 被动觉察自己的思想，是与反刍、担忧完全相反的行为。

创伤后应激障碍 焦虑症的一种形式。它与其他形式焦虑症的不同之处在于，痛苦最初是在生命受到威胁的情况下产生的，患者会出现所谓的闪回症状。

担忧 以"要是……怎么办"为开头的问题。担忧的目的是概观全局、具有预见性并获得控制感。

触发性想法 一个人突然产生的、尚未引发反刍的想法。它们通常是非常情绪化的想法，比如对死亡和疾病的恐惧。触发性想法也可能是身心不适的结果，通常会紧随事件、强烈感受、强迫性想法或闪回现象产生。

强迫性想法 非自愿且不希望产生的想法，强迫症患者会赋予其重要意义。这些想法通常违背患者的愿望、价值观以及目标。

强迫行为 属于认知注意综合征策略，用于抵消和克服强迫想法。强迫行为可以是身体上的（强迫洗手），也可以是精神上的（强迫计数）。

强迫症 强迫症与其他形式焦虑症的不同之处在于强迫性想法和强迫行为。强迫性想法是非自愿且不希望产生的想法，会令人害怕和不适，强迫行为是尝试消除不受欢迎的强迫性想法和感受的手段。

抑郁&焦虑

《拥抱你的抑郁情绪:自我疗愈的九大正念技巧(原书第2版)》
作者:(美)柯克·D.斯特罗萨尔 帕特里夏·J.罗宾逊 译者:徐守森 宗焱 祝卓宏 等
美国行为和认知疗法协会推荐图书
两位作者均为拥有近30年抑郁康复工作经验的国际知名专家

《走出抑郁症:一个抑郁症患者的成功自救》
作者:王宇
本书从曾经的患者及现在的心理咨询师两个身份与角度而写,希望能够给绝望中的你一点希望,给无助的你一点力量,能做到这一点是我最大的欣慰。

《抑郁症(原书第2版)》
作者:(美)阿伦·贝克 布拉德A.奥尔福德 译者:杨芳 等
40多年前,阿伦·贝克这本开创性的《抑郁症》第一版问世,首次从临床、心理学、理论和实证研究、治疗等各个角度,全面而深刻地总结了抑郁症。时隔40多年后本书首度更新再版,除了保留第一版中仍然适用的各种理论,更增强了关于认知障碍和认知治疗的内容。

《重塑大脑回路:如何借助神经科学走出抑郁症》
作者:(美)亚历克斯·科布 译者:周涛
神经科学家亚历克斯·科布在本书中通俗易懂地讲解了大脑如何导致抑郁症,并提供了大量简单有效的生活实用方法,帮助受到抑郁困扰的读者改善情绪,重新找回生活的美好和活力。本书是新近的神经科学研究,提供了许多简单的技巧,你可以每天"重新连接"自己的大脑,创建一种更快乐、更健康的良性循环。

《重新认识焦虑:从新情绪科学到焦虑治疗新方法》
作者:(美)约瑟夫·勒杜 译者:张晶 刘睿哲
焦虑到底从何而来?是否有更好的心理疗法来缓解焦虑?世界知名脑科学家约瑟夫?勒杜带我们重新认识焦虑情绪。诺贝尔奖得主坎德尔推荐,荣获美国心理学会威廉·詹姆斯图书奖

更多>>>
《焦虑的智慧:担忧和侵入式思维如何帮助我们疗愈》 作者:(美)谢丽尔·保罗
《丘吉尔的黑狗:抑郁症以及人类深层心理现象的分析》 作者:(英)安东尼·斯托尔
《抑郁是因为我想太多吗:元认知疗法自助手册》 作者:(丹)皮亚·卡列森